KB261657

바이오연료의 실태와 특성

바이오연료

가토 노부오 외 저
과학나눔연구회 정해상 역

일진사

머리말

바이오연료 (특히 바이오에탄올)란 용어는 2005년 여름 휘발유 가격이 치솟은 무렵부터 더욱 널리 쓰였다. 당시 바이오에탄올이 '가계와 지구온난화대책의 구세주'인 것처럼 각종 언론에서 다뤄지면서이다.

그러나 2006년 가을부터 곡물과 식료품 가격이 치솟고, 그것이 촉발제가 돼 개발도상국에서 식료 쟁탈과 폭동이 발발한 일을 계기로 분위기가 달라졌다. 식량도 부족한데 이를 연료로 태우고 있다는 등 비판의 소리가 높았다. 또 바이오연료의 생산과 수송 등에는 화석연료를 사용하기 때문에 이 연료가 환경친화적인지에 대한 의문의 소리도 높아졌다. 때문에 따라 바이오연료를 둘러싼 환경은 최근 2년 사이에 많이 변했다.

바이오연료만이 식료가격을 끌어올린 건 아니다. 하지만 그렇게 된 원인 중의 하나인 것은 분명하다. 중요한 사실은, 투기자금과 원료시장의 영향 등을 받아 가격변동이 격심해져 앞을 내다보기가 매우 어렵게 됨으로써 농업생산에 있어서 위험이 늘어난 점일 것이다.

2008년에 들어서자 상황은 더욱 급변했다. 소매가격의 급락을 필두로 옥수수, 대두, 원유 등의 에너지 가격, 해상운임 등이 대폭 하락해 극히 단기간에 예상 밖의 사태로 발전했다. 2008년 9월 미국 증권계 거두, 리먼브러더스사의 파탄을 발단으로 한 세계금융위기로 앞날은 더욱 불투명해져 단기적인 바이오연료와 곡물의 수급에 대한 예측마저 어렵게 됐다.

하지만 바이오연료는 원료가 되는 농산물의 판로 확대로 이어지기 때문에 농가소득을 높이고, 공장 건설 등으로 지역 고용을 확대하는 등, 지역경제에 플러스효과를 가져올 수도 있다. 실제로, 바이오연료 선진국인 브라질이나 미국에서는 농업의 발본적인 개혁과 지역경제 개선으로 이어지고 있다.

다만, 바이오연료는 화석연료에 비해 생산원가가 높다. 그래서 정부에 의한 지원 등을 통해 화석연료보다 싼 값으로 판매하는 것은 바이오연료를 널리 보급하기 위해선 불가결하다. 브라질과 미국에서도 많은 정부 지원이 이루어지고 있으므로 바이오연료 생산면의 지원뿐만 아니라 이용자 (석유업계, 자동차 메이커, 소비자)의 이해를 얻기 위한 홍보활동이 필요하다.

*

바이오연료 정책은 내용도 나라별, 지역별로 차이가 있다. 획일적으로 선악을 판단하기는 어렵고, 적절하지도 않다고 생각한다.

다만, 바이오연료에 관한 한 이제까지 어느 나라나 증산에 힘을 쏟고 있을 뿐 식료와 환경에 대한 영향평가는 돌볼 겨를이 없는 것 같다. 다행히 최근 식량가격 상승을 계기로 국제적인 장 (場)에서는 물론, 공급국과 소비국간에도 바이오연료가 식료와 환경에 미치는 영향에 관한 논의가 활발하다. 현재 시점에서 볼 때 어떠한 국제적 기준이나 가이드라인이 마련될지는 불투명다. 그렇지만 식료와 환경에 불리한 영향을 미치지 않는 지속가능한 (sustainable) 형태로 바이오연료를 생산하기 위한 방법을 모색할 단계에는 도달했다.

필자가 바이오연료에 관심을 갖기 시작한 것은 2005년 2월 무렵이었다. 어떤 식품업 관계자로부터 "브라질의 바이오에탄올 생산이 급속하게 확대돼 설탕 등의 식료가격과 수급에 영향을 미칠 가능성이 있다"는 이야기를 듣게 되는 것이 계기였다. 이후 관련 연구를 위해 브라질을 방문했고 미국, 태국, 유럽으로 바이오연료의 생산·유통현장을 돌아다녔다.

이 책은 저자가 직접 수행한 해외조사결과를 중심으로 주요 나라들의 바이오연료 생산구도, 상황과 과제 및 대응, 그리고 식료와 환경 영향에 대한 대책 등을 정리한 내용이다. 일반 국민들이 바이오연료에 대하여 냉정하게 고찰하는 데 조금이라도 참고가 된다면 다행이라고 생각한다.

가토 노부오

차 례

제 1 장

감소하는 석유와 천연가스 자원

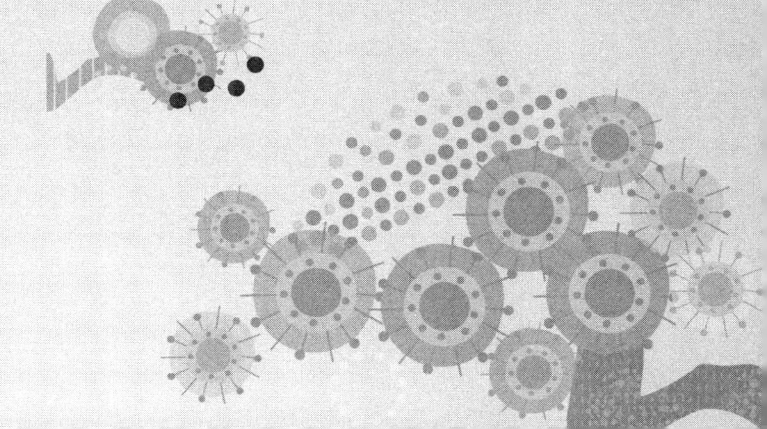

　세상에서는 거의 온갖 것이 석유에 의존하고 있다. 특히 수송분야에서는 사람, 물자, 식료품을 운송하기 위해 석유는 필요 불가불하여 가솔린, 경유, 디젤에 95% 이상을 의존하고 있으며, 생산되는 석유의 약 60%가 이 분야에서 소비되고 있다. 또 오늘날 일상생활의 온갖 곳에 활용되고 있는 플라스틱과 합성섬유 등의 석유화학제품 및 그 파생제품도 석유에 의존하고 있다.

　석유가 특히 중요한 연료인 것만은 부인할 수 없다. 석유는 3대 화석연료 중에서 가장 용도가 광범위하기 때문이다. 석탄은 석유보다 무겁고 부피가 크며 대기를 오염시킨다. 천연가스는 청정연료이기는 하지만 체적이 크고 수송하려면 파이프라인과 고액의 액화프로세스가 필요할 뿐만 아니라 안전상의 문제도 있다. 석탄이나 천연가스의 경우와는 달리 석유의 가격과 매장량, 생산 레이트 등의 하루하루의 리포트는 사람들의 관심을 이끌며 경제와 우리들 생활에 곧바로 영향을 미친다. OPEC의 회의 결과는 언제나 마치 국정선거나 대통령선거처럼 전 세계 미디어에 의해서 보도된다.

　석유의 확인매장량은 1조~1조 2000억 배럴로 추정되고 있다. 이 수치를 연간생산량 300억 배럴로 나누면 석유를 사용할 수 있는 기간은 앞으로 30~40년 정도이다. 이 수치를 매장량/생산량비율 (R/P 비율)이라고 한다. 이 수치는 특히 대형 석유회사의 산업 리포트 등에서 많이 사용되며 이 수치가 감소하기 시작하면 자원이 고갈된다는 것을 나타내는 유일한 위험신호가 된다. 오늘날 R/P 비율은 아이러니하게도 지난 50년의 그 어느 때보다도 높은 수치를 나타내고 있다. 이 수치를 토대로 대체 에너지원으로의 이행이 가능하고 감당할 수 있는 가격으로 풍부하게 존재하는 석유시대가 계속 이어질 것으로 예측할 수 있다. 석유의 장래에 대한 이 낙관적인 견해에는 몇 사람의 이코노미스트들이 지지를 표명하였으며, 계속된 석유의 탐사, 채굴, 생산기술의 개선을 통하여 앞으로도 오래도록 충분한 석유를 저렴한 가격으로 공급할 수 있으리라고 믿는 사람들에 의해서 옹호되어 왔다.

그러나 지구상의 채굴 가능한 석유의 궁극매장량에는 한계가 있으므로 이 견해는 기본적으로 그릇된 사고인 것으로 보인다. 왜냐하면 실제로 석유가 고갈된다면 채굴하려 해도 할 수 없기 때문이다.

여기서 문제는 새로운 유전을 발견하여 개발하는 데 드는 코스트이다. 이 탐사와 개발코스트가 매우 높아진다면 지구의 지각에 석유가 잔존해 있을지라도 석유는 다른 에너지자원으로 대체될 것이다. 과제는 석유의 제조코스트가 높게 치솟아 경제와 사회구조가 붕괴되기 전에 사회가 받아들일 수 있는 대체연료를 찾아내는 일이다. 이것과 마찬가지의 에너지 시프트가 나무가 석탄으로 대체되었을 때와 석탄이 석유로 대체되었을 때에 일어났었다. 이 논의에 바탕하여 대체연료를 찾지 않고 얼마 남지 않은 석유로 버티는 것은 직접적인 의미를 갖지 못할 것이다. 그러나 이 견해는 현실적이지 못하다. 좀 더 적절하게 판단한다면 석유의 고갈은 피할 수 없으며 따라서 비교적 저렴한 가격으로 공급할 수 있는 석유의 시대는 종언을 맞이할 것이다.

현재는 우려스럽게도 이미 오일피크에 이어 돌이킬 수 없는 석유생산 감소시대에 접어들었다. 이 가설은 새로운 석유의 발견, 매장량과 채굴 데이터를 비교한 소비 데이터에 근거한 것이다. 사실 R/P 비율은 장기간에 걸친 자원의 운명에 관해서는 아무런 정보도 주지 않는다. 그리고 석유생산이 몇 년이든 일정한 채로 이어질 것이라는 가정은 전혀 성립될 수 없다. 최후의 몇 배럴의 석유가 현재의 유전에서 채유되는 석유와 같은 정도로 간단하게, 또한 신속하게 지하에서 끌어올릴 수 있을 것이라는 가설도 역시 마찬가지로 성립될 수 없다.

세계적으로 석유 수요는 앞으로 수십년은 다소의 변동은 있겠지만 매년 약 1.3%씩 늘어날 것으로 전망된다. 때로는 경제의 혼미나 정치적 동향에 의해서 수요가 다소 떨어질 경우도 있겠지만 그것은 장기적 판도에는 영향을 미치지 못한다.

석유의 장래 생산을 예측하는 데 있어서는 다음의 세 가지 중요한 파라미터를 고려할 필요가 있다.

① 이제까지 얼마만큼의 석유가 생산되었는가를 나타내는 누적생
  산량
② 기존 유전의 채유 가능한 매장량
③ 발견하여 채유가 가능한 석유의 타당한 견적

이 세 요건의 합계를 궁극가채매장량이라고 하며, 경제적으로 채유
할 수 있는 석유생산이 영구히 끝날 때까지 채유되는 석유의 총량이다.

미국지질조사국 (USGS)에 의한 현재의 궁극가채매장량 평균 추정
량은 3조 배럴 [3000기가 배럴 (Gbbl)]이다. 그러나 이 추정량은 많은
지질학자에 의해서 비현실적으로 너무 높은 수치라고 의문시되고 있
다. 그들은 궁극가채매장량을 약 2000기가 배럴로 추정하고 있다 (그
림 1-1).

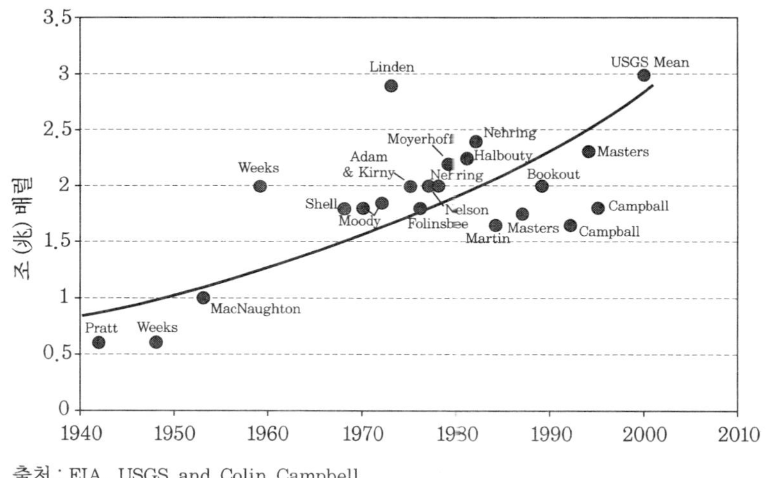

출처 : EIA. USGS and Colin Campbell

그림 1-1 **연대별 세계 석유 궁극가채매장량 예측**

일반적으로 생각하면 아직 발견되지 않은 미지의 새로운 유전이
이 추정량 중에서 가장 의혹적이고 논의의 여지가 있는 부분이다.
그러나 어찌되었든 석유의 총량은 명백히 유한 (有限)하며, 문제는

현재 사용하는 석유가 고갈될 것인가 아닌가가 아니라 언제 고갈되느냐이다.

현실적으로 유전의 생산 레이트를 최대한으로 끌어올릴 수 있고 매장량의 절반 이상을 생산한 후에는 고갈을 향하여 서서히 감소해 간다. 이 경향은 킴 휴버트에 의해서 제창되어 일반에 인식되었다. 그는 어떠한 큰 유전일지라도 유한한 석유채유량은 벨형의 곡선을 따라 상승하고 자원의 절반이 채유된 때에 피크를 맞이하는 것을 발견했다. 이것은 탐사와 채유에는 외부의 규제, 법률, 제한이 가해지지 않는다는 가정 하에 성립되어 있다. 이 이론에 따라 휴버트는 1956년에 미국 본토 48개주에서의 석유생산은 1965~1972년 사이에 실제로 피크를 맞이할 것이라고 예측했다 (그림 1-2).

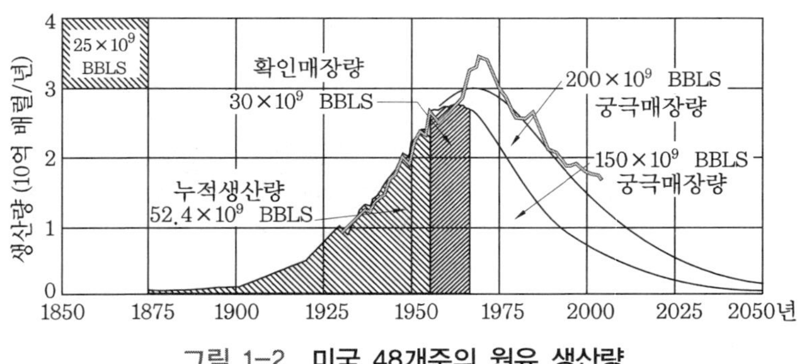

그림 1-2　**미국 48개주의 원유 생산량**

휴버트가 1956년에 제시한 양은 궁극매장량이 1500배럴과 2000억 배럴이라는 가정에 바탕을 두고 있었다. 굵은 외삽선은 휴버트의 2000억 배럴 예측에 따라 2004년까지의 실제 석유생산량을 나타내고 있다.

미국의 석유생산은 실제로 1970년에 피크를 맞이했고, 그 이후 감소했다. 보통 큰 유전은 최초에 발견되어 개발된다. 유전의 발견 피크는 미국 본토 48개주에서 1930년대에 일어났다.

생산 피크는 유전의 매장량과 채유 레이트에 의존하여 그 후 수십 년(미국의 경우는 40년)의 타임 래그를 거쳐 일어났다. 이와 마찬가지의 생산 피크와 감소 패턴은 옛 소련연방, 영국(북해) 그리고 최근에는 노르웨이 등의 많은 나라들에서 볼 수 있었다.

영국의 석유생산은 1999년의 하루 생산량 2.7메가 배럴이 피크였다. 그 이후 생산량은 급격히 감소하여 2005년에는 하루 생산량 1.9메가 배럴, 또 2009년에는 1.4메가 배럴에 이를 것으로 전망되었다. 10년 전만 해도 영국은 석유수출국이었지만 오늘날에는 수입국으로 탈바꿈했다. 멕시코와 같은 다른 나라들은 생산 피크에 가깝고 사우디아라비아, 아랍수장연방, 이라크, 쿠웨이트 등의 중동 여러 나라들에서의 석유 고갈은 아직 초기단계에 불과하다.

휴버트와 마찬가지로 캠벨(Campbell), 라헬르(Laherrere), 데파이스(Deffeyes) 등 다른 많은 애널리스트가 언제 석유생산 피크, 이른바 휴버트의 피크가 일어날 것인가를 특정하는 방법을 고안했다. 그들의 계산으로는 궁극 가채매장량은 1900~2100기가 배럴로 견적되었다. 지금까지 약 1조 배럴의 석유가 생산되었으므로 현재는 석유시대의 거의 중간지점에 위치하고 있다고 할 수 있다.

세계의 석유생산 피크는 2005~2015년 사이에 일어날 것으로 예측되고 있다. 특기해야 할 점은, 이와 같은 예측은 설령 매장량과 생산 예측이 수천억 배럴 잘못 추정되었다 할지라도 크게 변동되지 않는다는 사실이다. 피크를 넘으면 세계의 석유생산은 감소되기 시작한다. 중요한 사실은 언제 석유가 고갈되느냐가 아니라 언제 수요가 생산을 능가하기 시작하느냐이다. 그 격점을 넘으면 영구히 수요가 감소함에도 불구하고 가격은 필연적으로 급상승하게 될 것이다. 석유위기는 상당히 가까이, 이미 피할 수 없는 단계에 이르렀다.

현존하는 석유매장량이 9000억 배럴이고 미발견 석유는 불과 1500억 배럴이라고 가정하면 채굴할 수 있는 석유의 약 90%는 이미 발견된 것으로 추정된다.

이 결론은 현재 세계 석유매장량의 4분의 3이 비교적 확실하게 조사된 약 370개의 거대유전(각 유전에는 5억 배럴 이상의 석유가 있는 것으로 보인다)에 존재한다는 사실에 바탕하고 있다. 1960년대에 피크를 기록했던 거대유전을 발견했던 것과 같은 매장량의 큰 증가는 설사 미탐사 지역에서 신규 유전이 발견되었다 치더라도 더 이상 일어날 것 같지 않다.

하지만 앞에서 기술한 바와 같이 인류는 점점 더 '이 세상 종말'에 접근해 가고 있다. 석유를 찾는 지역도 이제 남극이나 남지나해와 같은 근소한 지역밖에 탐사할 지역이 남아있지 않다. 이 현실은 곧 제2의 중동을 발견할 여지는 거의 없다는 것을 의미한다. 오늘날 1970년대 초반 이전에 발견된 유전에서 생산된 석유유동의 80%와 이들 유전의 대부분은 이미 생산이 감소되고 있다. 이러한 사정에는 이유가 없는 것은 아니지만 상당히 비관적인 예측이다.

그러나 이에는 몇 가지 요소가 고려되어 있지 않다. 그것은 특히 경제성과 석유회수율이다. 석유회수율(유전에서 채유 가능한 석유의 비율)은 과거 수십년 동안 약 10~35%로 상승하고 있다. 이것은 3차원 지진탐사와 현재 대부분의 유전에 적용되고 있는 경사채굴과 같은 새로운 기술이 발전한 데 연유한다. 또한 석유증진회수법 (EOR : enhanced oil recovery)과 같은 기술의 계속적인 발전에 의해서 회수율은 장차 40~50%에 이를 것으로 보인다.

한편, 석유가격도 중요한 역할을 할 수 있다. 가격이 오르면 보다 경제적으로 사용하거나 절약하게 될 것이고, 새로운 유전 개척과 이전에는 비경제적이라 생각했던 유전의 개발과 새로운 채굴기술도 개발하게 된다. 지난날의 1배럴당 20달러보다 비싼 30~150달러나 그 이상의 가격범위에서 경제적으로 채굴 가능한 석유는 많이 있으며 따라서 그것들은 석유자원에 추가된다.

석유에는 재래형 석유 외에 비재래형 석유가 많이 존재한다. 중유, 타르 샌드, 오일 셰일 등이 그에 해당한다.

비재래형 석유는 석유가격이 상승함에 따라 이익을 낼 수 있게 되었으므로 석유자원량의 상당한 증가로 이어진다. 이 비재래형 석유의 매장량은 많다. 베네수엘라의 오리노코 지대에는 1조 2000억 배럴의 중유가 있는 것으로 견적되고 있다. 그 중에서 2700억 배럴이 경제적으로 채굴 가능한 것으로 간주되고 있다. 캐나다의 아사바스카와 골드레이크의 타르 샌드 퇴적층에는 경제적으로 채굴 가능한 3000억 배럴의 석유가 포함되어 있고, 콜로라도 오일 셰일은 중유자원에 상당한 양을 보태줄 가능성이 있다.

비재래형 석유는 그 성질로 인하여 재래형 석유보다 채굴하기 어렵다. 그러나 기술혁신과 많은 투자에 의해서 이전에는 채굴하는 데 많은 비용이 필요했지만 오늘날에는 경제적으로 채굴이 가능하게 되었다. 캐나다에서는 타르 샌드에서 1배럴의 석유를 제조하는 코스트는 현지 생산으로 1990~2003년 사이에 22달러에서 10달러 이하로 떨어졌다. 이 결과 비재래형 석유는 오늘날에는 재래형 석유와 경쟁할 수 있는 수준에 이르렀다.

그러나 비재래형 석유의 역회수 프로세스에는 많은 양의 천연가스나 원자력같은 다른 에너지원이 필요하므로 멋진 구상도를 실현하기에는 한계가 있을지도 모른다. 단기적으로는 아사바스카 지역에서 채유되는 석유량은 2004년의 하루 생산량이 100만 배럴에서 10년 이내에 200만 배럴로 증가할 것으로 예측된다.

'휴버트의 피크' 이론을 지지하는 사람들은 막대한 양의 비재래형 석유의 존재를 인정하고 있지만, 그들은 계속 감소되고 있는 재래형 석유생산을 메을 수 있는 수준까지 비재래형 석유를 채굴하기 위해서는 에너지, 투자, 시간이 부족할 것으로 보고 있다. 그들의 견해로는 세계 석유생산 피크의 타이밍에 대하여 비재래형 석유의 탐색은 극히 제한된 효과만 있을 것으로 보고 있다.

이러한 비재래형 석유생산에는 앞에서도 기술한 바와 같이 매우 많은 에너지가 필요하다.

예를 들면, 채굴장이나 처리 플랜트에서 타르 샌드에서 석유를 걸러내기 위해서는 현재 상황으로서는 재생가능하지 않은 유한한 자원인 천연가스가 필요하며, 재래형 석유보다도 많은 이산화탄소가 발생한다. 이들 요인은 심각하게 받아들이지 않으면 안 된다. 결국 원자력이나 다른 대체에너지 등의 비화석 에너지가 아니고서는 이러한 비재래형 석유정제에 사용할 수 없다.

세계의 석유생산 피크가 언제 올 것인가에 관해서는 과거 수많은 예측이 있어왔다. 또 석유가 공업규모로 사용되기 시작한 이래 석유가 고갈될 것이라는 주장은 여러 번 되풀이되어 왔다. 1874년 초에 펜실베이니아주 (당시 펜실베이니아주는 가장 많은 석유를 생산했었다) 의 지질학자는 국내의 등유램프용으로 앞으로 4년 정도 사용할 수 있는 석유밖에 없다고 예언했다. 1919년 미국지질조사국 (USGS) 은 R/P 비율의 데이터를 바탕으로 '석유의 종언'은 10년 이내에 도래할 것이라고 예측했다. 사실 1920년대와 1930년대에는 그 당시 알려진 가장 큰 유전이 발견되었다. 그 이래 많은 사람들이 일반적으로 수년에서 수십년 이내에 석유의 종언이 곧 닥쳐올 것이라고 보고 있었다. BP사는 1979년에 세계의 석유생산 피크는 1985년에 일어날 것으로 예측했다. 그 밖의 예측에서는 피크가 1996~2000년 사이에 일어날 것이라고 했다. 긴 역사 속에서 종종 일어났던 잘못된 예측으로 인하여 석유의 장래에 대한 예측에는 누구나가 회의적인 태도를 갖게 되었다.

지구 최후의 날의 시나리오는 미래에 의해서 우선적으로 보도되는 것이 통례이지만 (언제나 나쁜 뉴스를 보도할 준비가 되어 있다) 석유생산은 장래 발전해 나갈 것이라는 낙관적인 견해도 있다. 예를 들면 오딜과 로징은 1984년에 USGS의 추정과 마찬가지의 3조 배럴의 재래형 석유궁극매장량을 인용하여 재래형 석유의 세계 생산량은 2025년경에 피크를 맞이할 것이라고 예측했다. 한편 착실하게 늘어나고 있는 비재래형 석유자원의 탐색으로 그 피크가 2060년으로 옮겨지게 되겠지만 코스트면에서는 현재 우리들이 누리고 있는 비교적 '값싼 석유' 시대로부터는 훨씬 멀어지게 될 것이다.

장래에 대한 예측이 그리 간단하지 않다는 것은 마크 트웨인 등의 많은 사람들이 진술하고 있는 바와 같다. 그러나 분명한 것은 지구에는 한정된 양의 석유밖에 존재하지 않는다는 사실이다. 재래형과 비재래형을 합한 석유생산은 21세기 중반까지에는 확실하게 피크를 맞이하고 그 이후는 감소한다 (그림 1-3 참조). 그렇기 때문에 석유베이스의 연료로부터 서서히 대체 연료로 바꾸어 나가는 것이 시급하다. 이 에너지 시프트는 더 이상 늦출 수 없다. 그것은 석유와 천연가스 가격의 이상 상승과 타당한 대체연료가 없다는 등의 진정한 위기에 빠져들지 않게 하기 위해서이다. 이 문제는 심각한 경제적, 지정학적인 위기를 초래할 수 있는 요인이기도 하다. 그러한 의미에서 약간 높은 수준의 석유가격은 반드시 폐해만을 안겨주는 것은 아니다. 그로 인하여 수요가 보합되거나 감소하기 때문이다. 그와 동시에 석유를 절약하거나 대체연료의 개발과 다른 에너지로의 전환이 진척되기도 한다.

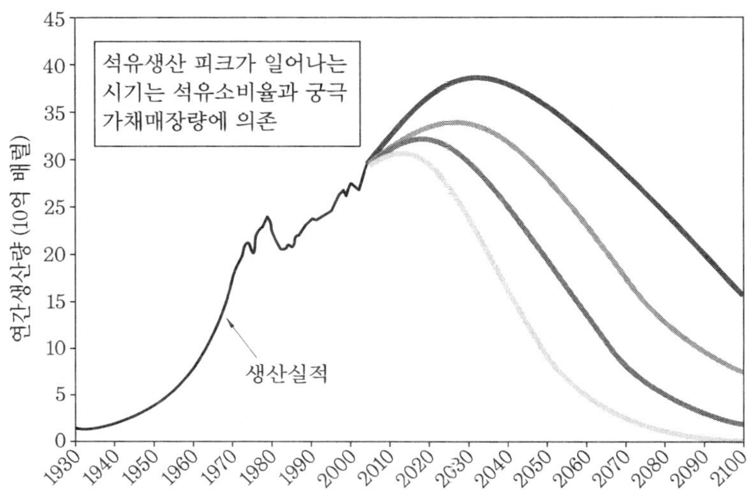

출처 : BP for historical values

그림 1-3 세계의 석유생산에 관한 휴버트의 피크

석유와 천연가스는 난방, 수송, 교통수단을 포함한 필요불가결한 서비스에 없어서는 안되는 연료인 동시에 플라스틱 등 석유제품의 원료이기도 하다. 만약 다른 자원이 석유와 동등하거나 혹은 석유보다 좋다는 것을 알게 된다면 그 자원으로 대체될 것이다.

과거 영국과 대부분의 공업국에서는 석탄이 나무를 대신하게 되었는데 그것은 나무가 점차 줄어들어 가격이 비싸게 된 까닭과 열량과 편리성에서 석탄보다 뒤떨어졌던 것이 원인이었다. 20세기에는 석유가 석탄을 밀어내고 그 자리를 차지했다. 그것은 석유가 석탄보다 저렴했을 뿐 아니라 수송하기 쉽고 연소 때 청정하며 사용하기 편리하고 에너지밀도가 높기 때문이었다.

석유는 자동차용, 가정의 난방용, 공업생산과 발전용으로 편리한 연료였다. 그러나 1970년대의 석유위기 이후에는 많은 용도에서 석유의 사용이 감소되기 시작하고, 석탄에 대한 관심이 희박해지던 때와 마찬가지로 발전용으로 원자력에너지와 천연가스가 지지를 받았다. 현재 많은 공업국에서 석유를 가장 많이 사용하고 있는 부문은 수송분야로, 95% 이상을 석유에 의존하고 있다. 따라서 석유소비를 크게 줄이기 위해서는 효율이 향상된 내연기관이나 하이브리드, 연료전지 같은 신기술을 도입하거나 대체연료의 이용이 필요하다.

석탄으로부터의 액체연료 제조 [합성연료 (syn-fuel)라고 한다]는 1930년대에 기술적으로 실현 가능하게 되었다. 그것은 제2차 세계대전 중의 독일과 아파르트헤이트 시대의 남아프리카 같은 특수한 상황 아래서 공업 스케일로 대규모로 사용되어 왔다. 아직 석유자원을 풍부하게 사용할 수 있는 점을 고려하여, 국산석유의 감소와 석유가격 상승에 대한 대책으로 (특히 1970년대의 석유위기 이래) 미국에서도 마찬가지 연구가 추진되어 왔다. 그러나 이러한 계획은 1980년대 중반에 석유가격이 안정되자 급격히 중단되었다. 일반적으로 석유가격이 1배럴당 35~40달러를 넘어 장기간에 걸쳐 그 수준 그대로 지속될 때에만 합성연료 생산이 경제적으로 성립된다고 보았기 때문이다.

그럼에도 불구하고 석탄과 천연가스로부터 대규모로 액체연료를 생산하는 것이 경제적으로 성립된다고 한다면 재생가능하지 않은 이들 화석연료 생산을 크게 늘릴 필요가 있을 것이다. 그러나 에너지 관점에서는 대단히 헛된 일이다. 그것은 또 주요한 온실효과 가스인 이산화탄소와 이산화황, 기타 오염가스를 많이 배출하고 고체 폐기물도 발생시킨다.

앞에서도 기술한 바와 같이 천연가스의 액화 과정은 원격지에 있는 가스를 수월하게 수송하는 방법으로서, 또 액체탄화수소계 연료와 그 제품의 생산용 원료로서 더욱 중요성이 더하고 있다.

피셔 트롭슈법 (Fischer-Tropsch process)에 따르면 우선 천연가스 혹은 석탄이 합성가스로 변환되고 다음에 액체연료로 변환되어 부생성물로 많은 양의 이산화탄소가 발생한다. 그것은 또 메탄올과 그 파생제품을 제조할 수 있다. 따라서 합성가스를 거치지 않고 천연가스를 직접 연체연료로 변환하는 것은 매우 흥미로운 일이며 기대되는 기술이다. 그러한 프로세스는 아직 개발단계이지만 메탄에서 직접 메탄올을 생산할 수 있게 된다.

메탄올은 액체로서 메탄보다 훨씬 쉽게 수송할 수 있는 이점도 있다. 그것은 또 내연기관이나 연료전지용 연료로서도 편리하며, 촉매작용으로 에틸렌이나 프로판으로도 변환할 수 있고, 또 그것들을 합성탄화수소나 석유제품으로 변환할 수 있다.

현재 천연가스는 마치 석유의 뒤를 이은 것처럼 여겨지고 있다. 그것은 석유보다 연소 때 청정하고 다른 어떠한 화석연료보다 단위 에너지당 이산화탄소 배출량이 적기 때문이다. 거기에다 또 많은 천연가스 자원이 있기 때문이다.

그러나 천연가스를 수송하고 저장하는 데에는 석유보다 많은 코스트가 필요하다. 육상으로 수송하는 경우에는 방대한 파이프라인망이 필요하고 해상으로 수송하려면 LNG로 액화하는 과정이 필요하기 때문이다.

또 천연가스는 에너지밀도가 낮으므로 수송용 연료로 사용되기 위해서는 일반적으로 압축 천연가스 (CNG) 형태로 버스나 트럭 같은 큰 고압탱크를 탑재할 수 있는 차량에 국한된다. 수요의 현저한 증가에도 불구하고 (1970년 이래 배로 증가) 천연가스의 확인매장량은 30년 전의 3배이고 R/P 비율은 약 60년이다.

궁극가채매장량과 연료로서의 천연가스의 장래에 관해서는 석유와 마찬가지로 두 가지 크게 대립하는 견해가 있다. 하나의 관점은, 궁극가채매장량은 석유와 같거나 그 이하라는 것이다. 그리고 또 하나의 관점은 장기간에 걸쳐 늘어나는 수요를 충족하기 위해 새로운 선진 채굴기술과 비재래형 자원을 사용하여 충분한 천연가스가 더 존재한다는 주장이다.

세계 천연가스 생산의 장래를 예측하기 위해 휴버트의 견해를 채용하여 캠벨과 라헬르 (그들은 이 기법의 제창자이다)는 가스전의 발견과 생산이 석유와 같은 패턴을 따를 것으로 예측하여 천연가스의 세계 공급은 석유의 감소 후 얼마 안 되어 감소할 것이라고 예측하고 있다. 라헬르는 세계의 천연가스 매장량을 340조 m^3로 견적하고 있으며, 재래형 자원에서는 290조 m^3로 보고 있다. 탄층메탄, 경사 (硬砂) 가스, 셰일 가스와 같은 비재래형 자원은 대략 70조 m^3가 있을 것으로 추정되고 있다. 이와 같은 추정에 바탕하며 만약 소비비율이 현재의 추세로 증가를 계속하게 된다면 세계의 천연가스 생산은 2030년경에 피크를 맞이하게 될 것이다. 휴버트 파는 그런 까닭에 천연가스를 장래의 에너지 수요를 충족시켜 줄 장기적인 석유 대체연료로 간주하지 않고 있다.

그러나 경제상태의 악화나 새로운 가스전의 발견 및 생산기술에 의해서 천연가스를 사용할 수 있는 기간이 늘어날지도 모른다. 석유의 경우와 마찬가지로 이보다도 더욱 낙관적인 추정도 있다. USGS는 세계의 재래형 천연가스 매장량을 430조 m^3로 추정하고 있다. 이것은 2

조 6000억 배럴 혹은 345기가 톤의 석유와 에너지적으로 증가한 양이다.

그 밖에 재래천연가스의 궁극가채매장량 추정에서는 석유 등가로 380~490기가 톤이 존재한다는 주장도 있다. 그에 이어서 오딜은 재래형 천연가스의 생산피크는 2050년경에 올 것이라고 예측하고 있다. 또 비재래형 천연가스자원을 고려한다면 재래형과 비재래형을 합하여 생산피크는 2090년이 될 것으로 예측하고 있다. 비재래형 천연가스의 채취 가능한 매장량은 재래형 천연가스 매장량보다 적은 것으로 보고 있지만 이 예측은 부정확한 정보에 바탕한 추측에 불과하다.

탄층메탄, 경사가스와 같은 비재래형 천연가스 자원은 이미 미국에서 개발되고 있고 메탄 하이드레이트 이용에 관해서는 매우 큰 퍼텐셜이 있다. 그것은 놀라울 만큼 많은 양의 메탄 하이드레이트가 해저와 극지의 영구 동토 아래 존재하는 것으로 보여지고 있다. 그러나 우선 가장 먼저 그것은 보다 더 정확하게 평가되어야만 한다. 또 그 실용화 개발은 새로운 유효한 기술을 개발함으로써 실증되어야만 한다. 그 때까지는 메탄 하이드레이트는 유망하기는 하지만 아직은 불확실한 에너지자원일 뿐이다.

비재래형 천연가스 자원을 고려하는 경우 최근의 저명한 천문 물리학자인 토머스 골드에 의해서 개발되어 활발하게 옹호된, 흥미롭지만 아직 증명되지는 않은 이론도 고려되어야 할 것이다. 이것은 지각의 상당히 깊은 곳에 비생물적인 것으로 만들어진 거대한 천연가스자원(비생물적 심층메탄)의 이용 가능성을 포함하고 있다. 이 제안에 따르면, 지구 밖의 소행성의 탄소가 지표 깊은 곳의 고온고압 조건 아래서 수소와 결합하여 탄화수소를 생성할 수 있다. 탄화수소 중에서 가장 안정된 메탄은 지각의 위쪽으로 이동하고 지질학적으로 적합한 현성지점에 퇴적한다. 이 주장에 따르면 적어도 천연가스 자원에는 비생물적 기원의 것이 존재하는 것이 된다. 그러나 당분간은 비생물적인 천연가스의 제창에 대해서는 논쟁이 이어질 전망이다.

해저 깊은 배출구에서 메탄이 방출되는 것은 뒤에 와서 미생물의 영향으로 해수 중의 이산화탄소를 메탄으로 바꾸는 황화수소 방출이 원인이란 것을 알게 되었다. 비생물적인 메탄은 현실적인 가능성이 있다. 그것은 또 생물적 기원을 전혀 갖지 않는 화성이나 목성의 위성 타이탄의 대기 중에 메탄이 존재한다는 것이 최근 관측된 사실을 증명하는 것이 될지 모른다.

현재의 식견에 기초한다면 천연가스도 한정된 자원이라고 보지 않으면 안 된다. 천연가스 생산은 석유의 경우와 마찬가지로 21세기 후반에 생산피크를 맞이할 것으로 예측된다. 따라서 석유의 경우처럼 급속도로 감소되고 있는 발전용, 수송용, 가정용 연료로 사용되는 탄화수소원으로서 천연가스 자원을 대체하기 위한 새로운 해결책을 찾아내지 않으면 안 된다. 이산화탄소 베이스의 메탄올과 DME는 실현 가능하며 해결 가능한 대체연료이다 〈필자/George A. olah/Alain Goeppert/G. K. Surya Prakash〉.

제2장

바이오연료의 특징과 주요 생산국

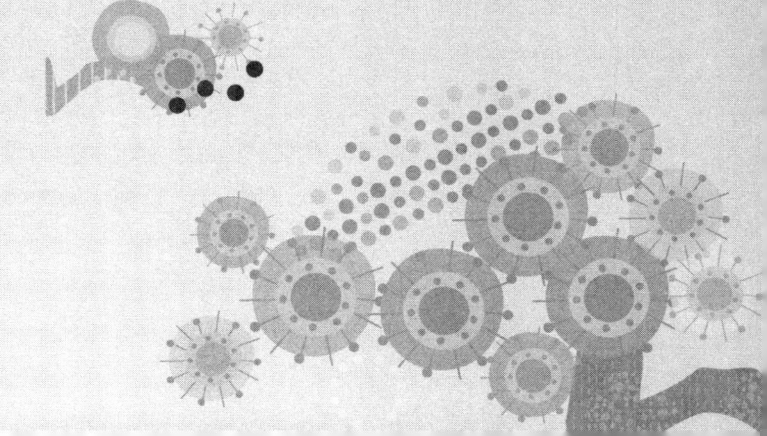

 지구온난화와 자동차연료

지구온난화는 인간의 산업활동에 부수되어 배출되는 온실효과 가스*가 주된 원인이 되어 야기된다는 설이 주류를 이루고 있다. 기후 변동에 관한 정부간 패널 (IPCC : inter-governmental panel on climate change)에 의한 제4차 평가보고서에서는 "인위적인 온실효과 가스가 온난화의 원인일 확률은 90%를 넘는다"고 기록하고 있다. IPCC의 제1작업부회 보고서 'The Physical Science Basis (자연과학적 근거, AR4WGI)'에 의하면 "인간에 의한 화석연료 사용이 지구온난화의 주인 (主因)으로 생각되며 자연요인만으로는 설명이 되지 않는다"고 했다.

화석연료는 석탄, 석유, 천연가스 등 땅속에 있는 연료를 총칭하는 것으로 지질시대에 생물의 사체, 식물, 플랑크톤 등이 고열, 고압 상황 아래서 생성된 것이다.

화석연료는 풍부하고 저렴하며 에너지밀도가 높은 등의 메리트가 있는 반면 연소하면 온실효과 가스를 배출할 뿐만 아니라 자원량이 일정하기 때문에 언젠가는 고갈되어 재생이 불가능한 결점이 있다. 세계는 지금 이 '화석연료'라는 단일 에너지에 크게 의존하고 있지만, 에너지 안전보장과 환경보호 관점에서 세계적으로 화석연료에 대한 문제의식이 고조되고 있다.

대기에 의한 온실효과 기여율은 수증기가 약 60%, 이산화탄소가 약 30%, 기타가 10%이듯 수증기가 많은 몫을 차지하지만, 수증기는

---

* 온실효과 가스 (green house gas : GHG)란 지표에서 방사된 적외선 일부를 대기권에서 흡수함으로써 온실효과를 초래하는 기체를 총칭하는 것으로, 수증기, 대류권 오존, 이산화탄소, 메탄 등이 포함된다. 이산화탄소의 증가는 주로 화석연료 (즉 자동차의 주연료인 가솔린, 디젤) 사용이 원인이며, 이산화탄소는 인류에 의해 배출되는 온실효과 가스 중에서 가장 영향이 큰 것으로 알려지고 있다.

인간이 배출하는 온실효과 가스에는 포함되지 않으므로 이산화탄소는 인간이 배출하는 온실효과 가스 중에서 가장 관심의 대상이 되고 있다.

1997년 12월에 일본 교토에서 개최된 기후변동조약 제3차 조약국회의 (COP3), 교토회의)에서는 2008~2012년의 5년 사이에 선진국과 경제이행국 (移行國)이 전체 GHG 배출량을 1990년과 비교하여 5% (EU 8%, 미국 7%, 일본 6%) 이상 감축할 것을 내용으로 하는 교토의정서를 채택했다.

교토의정서 채택은 이산화탄소 배출을 억제하기 위해 바이오연료의 생산·이용을 가속시킨 하나의 요인이 되었다. 지구온난화 방지책은 더 지체할 수 없는 상황에 있으며 지금이야말로 환경에 친화적이고 저렴한 다양한 에너지자원이 요구되고 있다. 특히 우리나라는 화석연료 에너지자원을 거의 소유하지 못하고 거의 수입에 의존하고 있는 실정이므로 새로운 에너지자원 확보는 시급한 과제이다.

석유를 대체할 에너지원을 확보하는 일은 경제활동의 지속성과 지구온난화 방지차원에서도 중요하지만 현실적으로 이제까지의 에너지 소비동향을 감안할 때 화석연료로부터 쉽게 벗어날 수 있을 것으로는 보이지 않는다. 그러므로 풍력, 태양광, 태양열, 수력, 지열 외에도 다양한 바이오매스로 만들어지는 바이오연료 등, 반영구적 재생이 가능한 청정한 에너지를 각각 그 나라와 지역의 사정에 따라 경제적으로 또한 효율적으로 생산·이용해 나가는 것이 중요하다.

2·2 바이오연료의 특징과 목적

(1) 바이오연료의 특징

바이오연료는 바이오매스 (biomass)로부터 만들어지는 연료이다. 바이오매스란, 생물자원 (bio)의 집합 (mass)으로, 에너지를 축적한 생물체를 어떻게 이용하기 쉬운 에너지로 변환하느냐가 과제로 되어 있다. 바이오매스를 효율적으로 이용하기 위해서는 직접 연소시켜 열원이나 전원으로 이용하는 것이 가장 좋지만, 바이오연료가 주목받는 이유는 그보다도 형상이 액체이고 쉽게 이용할 수 있기 때문이다.

바이오연료 중에서도 다루기 쉬운 액체 바이오연료인 바이오에탄올 (일반적으로 가솔린에 혼합)과 바이오디젤 (일반적으로 경유에 혼합)이 주목을 받고 있다.

바이오연료의 원료로는 식물, 수목, 식량잔사, 기타 이용되지 않고 폐기된 이용되지 않은 자원 등 다양하며, 이것들을 유효하게 활용할 수 있다면 반영구적 생산이 가능한 에너지가 된다.

바이오연료는 화석연료와 달리 지구온난화의 주된 원인 중의 하나인 이산화탄소 배출량이 적은 것이 특징이다. 식물은 대기 중의 이산화탄소를 흡수하고 뿌리에서 흡수하는 물을 이용하여 광합성에 의해서 당으로 전환하여 성장한다.

바이오매스 (식물체 = 유기탄소원)를 연소시켜 에너지로 이용하는 경우 이산화탄소가 발생하지만 그것은 원래 대기 중에 존재했던 식물체가 흡수한 이산화탄소이므로 감각하면 제로라 할 수 있다. 이 이론은 '카본 (CO_2) 뉴트럴'이라 하며, 교토의정서에 인정된 것이다.

이 카본 뉴트럴의 이론을 화학식으로 표시하면 다음과 같이 된다. 식물은 밭에서 $6CO_2$를 흡수하고 공장의 바이오메탄올 생성과정에서 $2CO_2$와 $4CO_2$의 $6CO_2$가 발생하므로 이산화탄소의 수지는 제로, 즉 카본 뉴트럴이 된다.

광합성 (밭)	$\underline{6CO_2} + 6H_2O \rightarrow C_6H_{12}O_6 + 6O_2$
	(포도당)
알코올 발효 (공장)	$C_6H_{12}O_6 \rightarrow 2C_2H_5OH + \underline{2CO_2}$
	(에탄올)
연소 (공장)	$2C_2H_5OH + 6O_2 \rightarrow \underline{4CO_2} + 6H_2O$

카본 뉴트럴은 바이오연료의 생산·이용을 통하여 배출되는 이산화탄소를 상쇄할 수 있다는 이론이지만 바이오연료의 원료생산에서 제조·수송·이용까지의 라이프 사이클 중에서, 이용하는 화석연료로부터 발생하는 이산화탄소를 엄밀하게 측정하면 이산화탄소 배출량이 식물체에 의한 흡수분을 훨씬 초과하는 수도 있을 수 있다.

이 때문에 LCA* (life cycle assessment) 기법을 써서 식물 재배에서부터 수확·집하·수송·바이오연료 생산, 폐기물 처리에 이르기까지 모든 온실효과 가스 배출량을 측정하여 객관적으로 평가할 필요성이 높아지고 있다.

(2) 바이오연료의 목적

바이오연료를 생산하는 목적은 크게 세 가지로 나눌 수 있다. 첫 번째는, 수입원유의 의존도를 줄이고 에너지 자립도를 높이는 에너지 안정보장을 위해서이다. 구체적으로는, 원유수입국의 경우 수입원유로 만드는 가솔린 등의 화석연료를 대체하기 위해 국내에 있는 바이오매스를 이용하여 바이오연료를 생산함으로써 원유수입량을 줄이는 것이 목표가 된다.

두 번째는, 바이오연료의 이용 촉진으로 온실효과 가스를 줄이고 지구온난화 방지에 이바지하는 것이다. 즉, 환경보전을 위해서이다.

세 번째는 농업·농촌사회 또는 지역사회의 유지·발전을 위해서이다. 이것은 바이오원료의 원료인 옥수수 등의 원료작물의 새로운 용도를 넓혀 가격 상승과 안정화를 도모함으로써 농가소득 향상을 목적으로 하고 있다. 또 바이오연료공장이 들어선다면 공장뿐만 아니라 수송업 같은 관련 산업도 고용확대로 이어져 지역 경제에 보탬이 된다.

---

* LCA란 상품 또는 서비스의 원료 조달에서 폐기·리사이클에 이르기까지의 라이프 사이클 전체를 통한 환경부하를 산정하는 기법을 이른다.

또 농산물 가격이 높은 가격을 유지한다면 정부에 의한 농업보조금 (특히 농산물 가격이 떨어졌을 때에 농가에 지불되는 직접 지출)을 삭감할 수 있는 메리트도 있다.

미국과 EU는 이제까지 잉여농산물의 판로 개척에 힘써 수출보조 (보조금, 수출신용 등)로 해외 시장에 방출하여 왔으나 '바이오연료'라는 비식용으로서의 새로운 판로가 확보된다면 농산물 가격 하락 방지와 보조금 삭감 양면에서 효과를 거둘 수 있다.

위에서 기술한 바이오연료 생산의 각 목적은 나라에 따라 다를 수 있다. 바이오연료는 그 생산·이용을 확대함으로써 에너지 안전보장, 환경보전, 농업개혁 측면 등에서 다양한 기회 (opportunity)를 줄 가능성을 안고 있다.

 바이오매스의 에너지 변환

바이오매스의 정의에 관해서는 '태양에너지를 축적한 각종 생물체의 총칭'이라는 정의 외에 여러 가지 해석이 있으나 엄밀하게는 정해져 있지 않다. 에너지 자원 관점에서는 '어떤 일정량 집적한 동식물자원과 그것을 기원으로 하는 폐기물 (화석자원을 제외)을 총칭하는 경우가 많다. 바이오매스의 종류는 매우 다양하지만 항상적 (恒常的)으로 일정량을 공급할 수 있는 에너지 자원으로서 후보가 될 수 있는 것은 에너지 작물과 유기성 폐기물이다. 에너지 작물이란, 에너지 제조를 목적으로 재배되는 식물로, 수목 등의 목질계 (木質系) 바이오매스와 사탕수수, 옥수수 등의 초목계 (草木系) 바이오매스를 지칭한다.

이러한 바이오매스를 열, 전기, 비료 등의 에너지로 이용하기 위해서는 다음과 같이 ㈎ 바이오매스를 직접 연소시켜 증기를 발생하고, 그 증기로 증기터빈을 돌려 발전시키는 방법, ㈏ 가축의 배설물이나 식품폐기물 등의 유기물을 염기성 조건 아래서 미생물의 작용으로 분해한 다음 메탄 생성균에 의해서 메탄 발효시켜, 발효조에서 나오는 바이오가스 (약 60%의 바이오가스를 포함)를 이용하여 발전과 지역난방에 이용하는 방법, ㈔ 바이오에탄올 생산을 위한 알코올 발효, 바이오디젤 생성을 위한 식물유의 에스테르화 등이 있다.

참고로, 에탄올은 에틸알코올이라고도 하며 상온에서 무색투명한 액체이다. 특이한 향기가 나며 물이나 유기용제에도 잘 섞이고 살균소독효과도 있다. 또 알코올류 중에서도 유일하게 마실 수 있으며 메탄올과는 달리 독성이 없는 것이 특징이다.

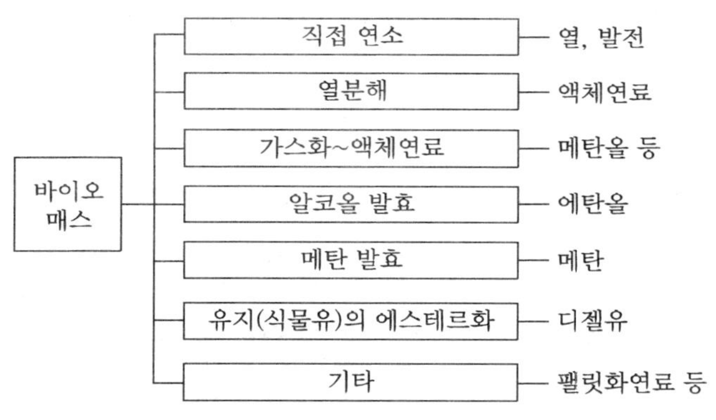

그림 2-1 **바이오매스의 에너지 이용기술**

2·4 바이오연료의 특성과 생산공정

바이오연료는 바이오에탄올과 바이오디젤로 대별된다.

(1) 바이오에탄올

바이오에탄올은 옥수수, 소맥 등의 녹말질 원료, 사탕수수 등의 당질 원료 등을 이용하여 알코올 발효, 증류를 거쳐 생산된다. 바이오에탄올은 가솔린에 첨가물로 5%, 10% 등의 비율로 혼합되는 경우에는 '무수에탄올*'이, 바이오에탄올이 그대로 가솔린의 대체로 이용되는 경우에는 '함수(含水)에탄올'이 이용된다.

에탄올의 특성에 관해서는, 가솔린에 에탄올을 10% 첨가(E10)**하는 경우에는 연비 저하는 거의 없고 이상연소(노킹)를 억제하는 옥탄가***가 상승하며 일산화탄소(CO), 탄화수소(HC)의 배출은 감소한다. 질소산화물(NO_x)의 배출은 증가하지만 규제값 이내이고, 엔진오일에 대한 영향도 보이지 않는다.

한편, 에탄올 100%의 E100연료는 에탄올의 연소 특성이 양호하기 때문에 CO 및 NO_x의 배출이 감소된다. 옥탄가는 높지만 발열량은 가솔린의 60% 정도이기 때문에 연비가 30~40% 떨어져 연료탱크의 확대, 엔진의 압축비, 점화시간의 조정이 필요하다. 또 가스화에 필요한 열량(기화잠열)이 크기 때문에 겨울철 등 낮은 온도 때의 시동성이 떨어진다. 그리고 휘발하기 쉬움의 지표인 리드증기압이 크므로 여름철 더운 날에는 열량펌프에 기포가 쌓이는 베이퍼 로크(vapor lock) 현상이 발생할 가능성이 있다(문헌 35).

따라서 가솔린 대신 에탄올을 이용하려면 보통자동차가 아닌 플렉스차(flexible fuel vehicle : FFV, 가솔린과 에탄올의 어떠한 혼합비율로도 주행이 가능한 차)가 필요하다.

---

* 에탄올은 증류하여 정제한 경우 4% 정도의 수분이 남는데, 이 상태의 에탄올을 함수에탄올이라 한다. 또 막분리법 등으로 수분함량을 0.5% 정도로까지 낮춘 것을 '무수(無水)에탄올'이라 한다.

** E10의 E는 에탄올의 약자이고 숫자는 에탄올의 혼합비율(%)을 표시한다.

*** 옥탄가란 노킹(이상연소)이 발생하기 어려움의 지표로, 이것이 높을수록 노킹 발생의 어려움을 나타낸다. 이 지표는 노킹이 일어나기 어려운 성분(이소옥탄)과 노킹이 일어나기 쉬운 성분(노멀헵탄)으로 구성된 연료를 표준 연료로 하여 가솔린의 안티노킹성을 표준연료인 이소옥탄의 혼합비로 표시한다(옥탄가 90의 가솔린은 이소옥탄 90, 노멀헵탄 10 혼합비의 표준연료와 같은 안티노킹성이 있다). 저속의 안티노킹성을 나타내는 리서치옥탄가(RON)로 가솔린을 분류하는 수도 있으며, RON이 90 이상인 것을 하이옥탄, 80 이상을 레귤러라 한다.

표 2-1 에탄올과 가솔린의 특성

구 분	에탄올	가솔린
분자식	C_2H_5OH	C_8H_{18}
저발열량 (MJ/kg)	26.4	43.2
옥탄가 (리서치법)	97	98
자연발화온도 (℃)	420	228
비점 (℃)	65	30~190

자료 : http://www.levo.or.jp/research/rsc05_10html
주 : 가솔린은 대표적 수치. 원전은 네덜란드 TNO연구소

에탄올에는 산소가 포함되므로 (함산소제) 연소 특성이 양호하여 이산화탄소와 질소산화물 배출이 감소하는 것이 특징이다.

바이오에탄올은 기본적으로 음용 (飮用) 알코올과 생산방법이 같다. 에탄올은 옥수수 등 녹말질 원료와 사탕수수, 사탕무 (첨채 : sugarbeet) 등의 당질 원료 등에 효모를 가해 발효시켜 생산된다. 음료용은 시간을 두고 (1~2주일 정도) 발효·증류시키지만 연료용 (공업용)은 단시간 (12~24시간 정도)에 생산된다. 또 연료용으로 만들어진 값싼 에탄올이 음료용으로 유통되는 것을 차단하기 위해 미국에서는 에탄올에 변성제를 첨가한 것이 규격화 되어 유통되고 있다.

원료에 포함되는 당류 [글루코오스 (glucose), 프룩토오스, 수크로스 등]는 효모에 의해서 발효되어 에탄올로 변환된다. 이론상으로는 100 g의 글루코오스에서 51.14 g의 에탄올과 48.86 g의 이산화탄소가 발생한다.

옥수수는 녹말질로 형성되어 있다. 녹말 (starch)은 다당류이므로 알코올 발효시키기 위해서는 단당을 연결하고 있는 사슬을 아밀로스 등의 효모로 끊을 필요가 있다. 녹말계 원료는 원료를 분쇄하여 현탁액으로 만들고 그것을 당화시키는 공정이 여분으로 가해지기 때문에 그만큼 코스트 상승으로 이어진다.

그 이후는 당질 원료와 같은 공정을 거쳐 알코올 발효·증류공정을 밟는다. 당질 원료인 사탕수수의 경우 원료줄기를 압착하여 저당을 함유한 즙액을 내어 농축하면 바로 알코올 발효로 넘길 수 있다.

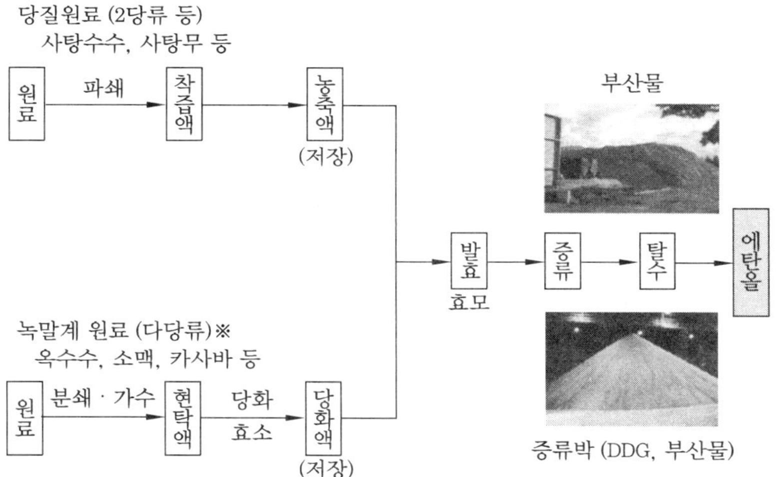

※ 식물원료를 분해한 후 다당류를 단당류로 변환하여 발효생물로 에탄올로 변환

$$C_6H_{12}O_6 \longrightarrow 2C_2H_5OH + 2CO_2$$

분자량　　180.16　　　2×46.07　　　2×44.01

　　　　　100 g　　　　51.14 g　　　　48.86 g

그림 2-2　**바이오에탄올 생산 공정**

(2) 바이오디젤

바이오디젤 연료 (biodiesel fuels : BDF)는 채종유, 대두유, 팜유 등의 식물유를 메틸에스테르화 등의 화학처리를 하여 제조되는 연료 (메틸에스테르)로, 경유에 혼합하여 사용된다.

BDF는 채종유, 해바라기유, 대두유 (콩기름), 팜유 (palm oil) 등의 식물유, 폐식용유 등의 유지를 그대로 디젤차 연료에 섞어 이용할 수 있으나 현재의 디젤엔진에 직접 유지를 섞으면 엔진과 부품에 손상을 주고 저온에서 시동성이 나빠지는 등의 문제가 야기될 수 있다.

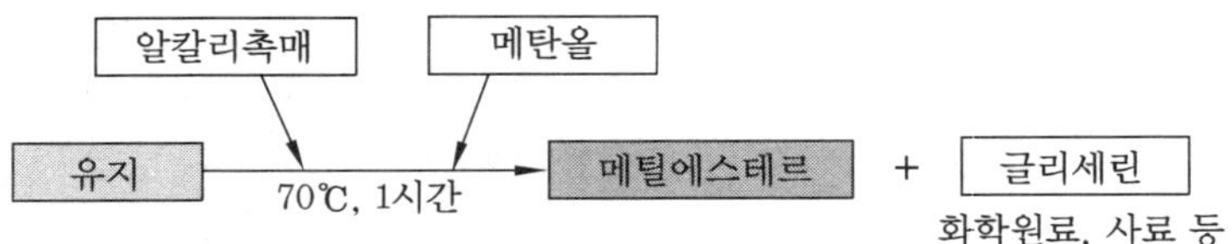

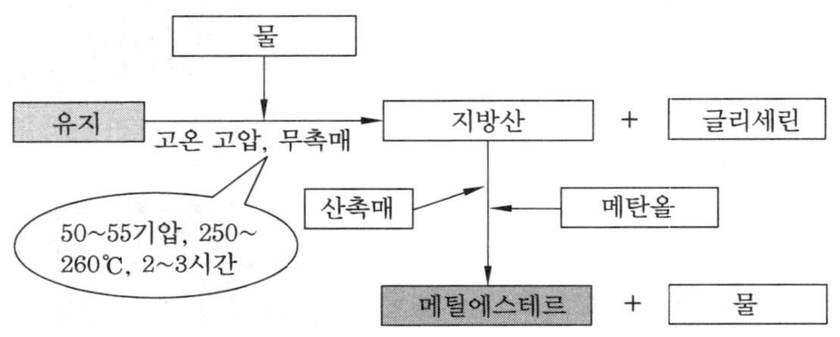

그림 2-3 **바이오디젤의 생산공정**

표 2-2 **바이오디젤(BDF)의 특성**

	식물유	BDF (대두 유래)	경유
중점도 (mm^2/s)	32.6 (38℃)	4.08 (40℃)	2.7 (38℃)
세탄가	254	171	52
흐름의 용이성	작다	→	크다
착화의 용이성	작다	→	크다

　유지는 지방산과 글리세린의 에스테르(글리세라이드)이지만 메틸에스테르화로 글리세린을 제거하면 BDF가 생성되며, 이 BDF는 동점도가 낮고(잘 흐르게 된다) 세탄가(cetane number)가 높아지는(쉽게 착화된다) 등 경유의 성질에 가까워 디젤연료로 이용하기 용이하다.

　BDF는 산소원자를 함유하기 때문에 경유에 혼합하면 불완전 연소로 발생하는 불연탄화수소, 일산화탄소, 부유입자상 물질의 배출을 효과적으로 감소시킬 수 있다고 한다.

이 밖에 바이오연료로는 ETBE*라는 에탄올과 이소부탄 (isobutane)으로 제조되는 에테르 화합물이 있으며 주로 유럽에서 가솔린 첨가제로 이용되고 있다.

2·5 바이오연료의 세계 생산 상황

(1) 바이오에탄올 생산

연료용 바이오에탄올의 세계 전체 생산량 (2007년)은 약 500만 kL였으며 그 중 미국이 약 50%, 브라질이 약 40%로 두 나라가 약 90%의 시장점유율을 기록했다. 참고로, 에탄올은 연료용 외에 음료용 (주로 주류), 공업용 (의약품, 화장품, 용제 등)에 이용된다.

연료용 바이오에탄올 생산은 2002년 무렵부터 급격히 확대되어 2005년에는 미국이 브라질을 제치고 세계 1위의 생산국이 되었다. 2002년부터 2007년 사이의 생산량 증가는 미국이 약 3배, 브라질이 약 1.7배로 지난 수년 사이 미국의 증산 실태를 짐작할 수 있다.

---

* ETBE란 ethyl tertiary butyl ether의 약칭으로, 바이오에탄올과 석유계 가스의 하나인 이소부탄을 화학반응시켜 생성되는 가솔린 첨가제이다. 석유가스만큼 (바이오)에탄올의 혼합률을 높일 수 없지만 ① 이 에탄올의 약점인 물과의 상용성이 낮고, ② 엔진 등의 부식성이 낮으며, ③ 옥탄가가 높은 것이 특징이다.

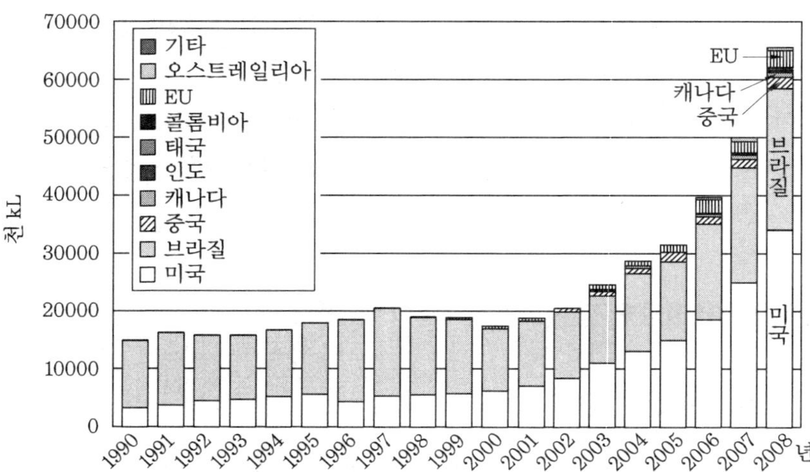

자료 : F.O.Licht's, International Sugar and Sweetener Report, October 23, 2008을 바탕으로 작성

그림 2-4 연료용 에탄올 생산 추이

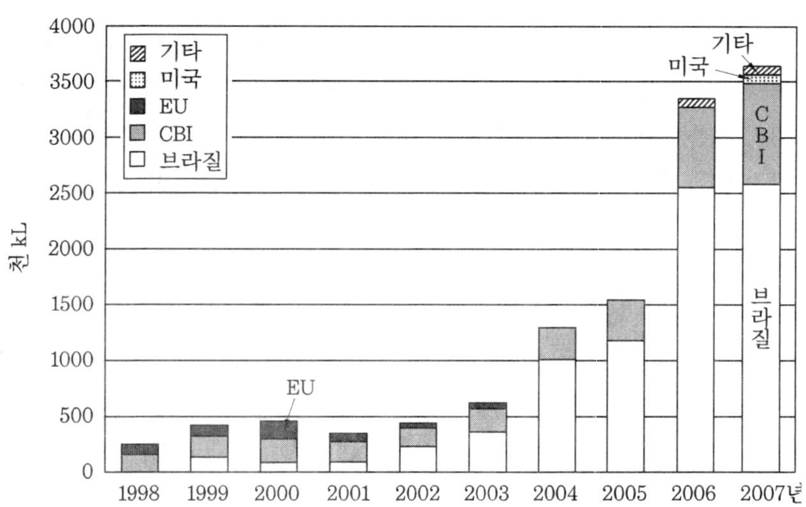

자료 : F.O.Licht's, World Ethanol & Biofuels Report, June 19, 2008을 바탕으로 작성
주 : CBI는 카리브해 여러 나라 개발구상(CBI)을 이용한 카리브해 여러 나라에서 미국으로 수출하는 양

그림 2-5 주요국의 연료용 에탄올 수출 추이

표 2-3 세계 바이오에탄올의 원료 내역

국가	곡물	사탕수수	당밀	사탕무	카사바	와인 알코올
미국	62583					
브라질		259854	9750			
캐나다	2010					
콜롬비아		3785	80			
파라과이	14		88			
아르헨티나			82			
기타			615			
미국 합계	64607	263639	10615	0	0	0
EU-27	3555		813	398		149
중국	4016					
인도			1640			
태국			1046		245	
파키스탄			144			
오스트레일리아	104		160			
아시아 기타계	4120	0	2990	0	245	0
세계 합계	72282	263639	14418	398	245	149

자료 : F.O.Licht's, World Ethanol & Biofuels Report, April 9, 2008을 바탕으로 작성

다른 한편, 연료용 알코올 수출(2007년)에서는 브라질만이 수출력을 가지고 있어 약 70%로 단연 선두를 기록하고 다음 많은 나라(지역)는 엘살바도르, 자메이카 등의 카리브해 여러 나라들이다. 그러나 카리브해 제국의 수출분은 카리브해 제국 개발기구(caribbean basin initiative : CBI)에서 브라질이 해당 여러 나라로 함수에탄올을 수출하고 수입한 나라에서 증류한 무수에탄올을 무세(無稅)로 미국으로 수출한 분량이다.

　이 카리브해 여러 나라의 수출분을 제외하면 브라질의 셰어는 95%에 이른다. 바이오에탄올의 나라별, 원료별 이용상황을 보면 각 나라에서 생산성이 높고 가격경쟁력이 있는 원료가 사용되고 있음을 알수 있다. 구체적으로 살펴보면 옥수수, 소맥 등의 곡물, 사탕수수와 사탕무(부산물인 당밀을 포함)가 많은데, 특히 사탕수수는 많은 개발도상국에서 생산되고 있으므로(세계 설탕생산의 4분의 3이 개발도상국에서 생산되고 있다) 장차 유일한 지구규모의 에탄올 원료작물이 될 가능성이 있다.

(2) 바이오디젤의 생산

　바이오디젤의 세계 전체 생산량(2007년)은 약 850만 톤이며 이 중에서 EU 27개국의 셰어가 약 58%, 미국이 약 20%이고, 최대 생산국인 독일의 생산량은 220만 톤(약 26%)이다. 이처럼 바이오디젤은 디젤차 보급률이 높은 EU에서의 생산량이 압도적으로 많다.

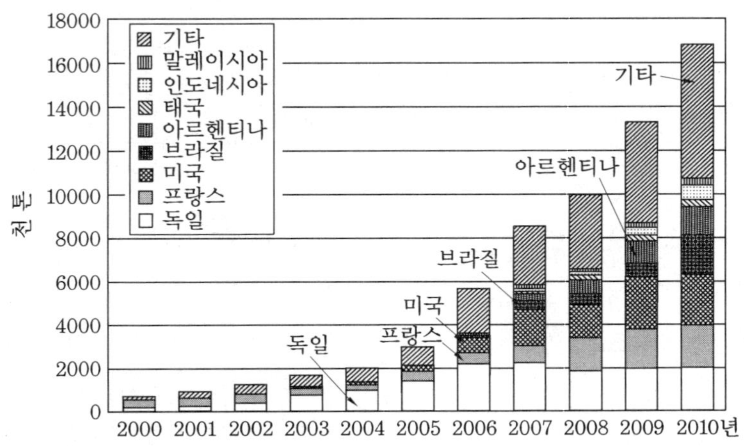

자료 : F.O.Licht's, World Ethanol & Biofuels Report, February 15, 2008을 바탕으로 작성

그림 2-6　세계의 바이오디젤 생산 추이와 예측

2005년 무렵부터는 바이오디젤도 생산 확대 속도가 빨라지고 있지만 바이오에탄올에 비한다면 아직 그 생산량이 상당히 적은 상황에 있다.

바이오디젤 원료는 EU가 주생산국인 관계로 채종 (菜種)을 많이 이용하고, 미국에서는 대두유, 개발도상국에서는 팜유, 일부 폐식용유를 사용하는 외에 최근에는 식용에 쓸 수 없는 자트로파 (jatropha)[*]가 관심을 끌고 있다.

2·6 바이오에탄올의 생산코스트

리히드사 (컨설턴트 회사)가 조사한 바이오에탄올의 생산코스트 (2006~07년)를 보면 (표 2-4) 원료코스트가 전체 코스트의 60~90%를 차지하며 가장 큰 비율을 나타내고 있다. 단 생산코스트는 공장의 규모와 입지조건, 열원 등에 따라 크게 다르다.

조사 대상의 하나였던 미국 미네소타즈에서 옥수수를 원료로 드라이밀방식 (p.120 참조)으로 제조하는 공장 (2006년에 조업을 시작)에서는 총코스트에서 연료코스트가 약 50%, 에너지 (천연가스) 코스트가 약 30%였다.

미국의 재생가능연료협회 (renewable fuels association : RFA. 이 단체는 미국의 바이오에탄올 제조자 단체이다)에 의하면 일반적으로 천연가스 이용분의 약 90%가 장기계약에 의해서 조달되고 있으며, 이것은 에탄올 제조계약 및 옥수수 계약기간과 거의 같았다.

이 리히드사의 리포트에 비하면 브라질의 사탕수수와 태국의 카사

---

[*] 자트로파는 학명이 jatropha curcas, L로, 중남미 원산의 낙엽지목이다. 자트로파속은 175종류가 있으며 화훼는 많은 용도에 쓰인다. 이 중에 원료로 이용 가능한 것은 jatropha curcas L뿐이다. 종자는 독성이 있기 때문에 식용에 적합하지 않지만 유분 (油分)이 풍부하다. 토지·토양·기상조건이 나쁜 곳에서도 재배가 가능하기 때문에 바이오디젤 원료로 관심을 끌고 있다.

바를 이용한 에탄올이 최저 코스트(1리터당 0.3달러) 옥수수를 이용한 미국의 에탄올(드라이밀방식)의 경우는 약 0.5달러이다.

　브라질의 운전코스트가 낮은 이유는 버개스(사탕수수를 짜고 남은 찌꺼기)를 전력생산에 이용하기 때문이다. 또 에탄올공장에서 나오는 폐액(vinasse)에는 칼슘이 많으므로 비료로 이용되고 있다. 이 두 가지 부산물의 수입은 0.746센트/리터이므로 총코스트와 순코스트의 차는 크지 않다.

표 2-4　**바이오에탄올의 생산코스트 비교(2006~07년)**

국가	브라질		미국			
원료	사탕수수		옥수수 (드라이밀방식)		옥수수 (웨트밀방식)	
단위	달러/리터	%	달러/리터	%	달러/리터	%
원료코스트	0.251	81.5	0.322	65.4	0.334	62.1
운전코스트	0.057	18.5	0.170	34.6	0.204	37.9
총생산코스트	0.308		0.492		0.538	
순생산코스트	0.300		0.461		0.395	

국가	EU				태국		중국	
원료	곡물		사탕무		카사바		옥수수	
단위	달러/ 리터	%	달러/ 리터	%	달러/ 리터	%	달러/ 리터	%
원료코스트	0.419	70.7	0.270	60.5	0.211	70.2	0.491	86.4
운전코스트	0.174	29.3	0.176	39.5	0.090	29.8	0.077	13.6
총생산코스트	0.593		0.446		0.300		0.568	
순생산코스트	0.580		0.483		0.300		0.450	

자료 : F.O.Licht's Ethanol Production Costs Worldwide Survey 2007에 있는 나라별 에탄올 생산코스트 시산표를 바탕으로 작성
주 : 캐피털 코스트는 제외. 원료가격 등은 2006~07년 값을 사용

한편, 미국은 에너지원으로는 주로 천연가스를 사용하기 때문에 총 생산코스트에서 차지하는 에너지코스트 비율이 높다. 드라이밀방식에서는 총운전코스트의 약 50%(805센트/리터)를 차지하고 있다. 단, 드라이밀방식에서는 옥수수의 증류박(dried distillers grains)이 부산물로, 웨트밀방식(p.119 참조)의 제조에서는 녹말 관련의 부산물이 제조되므로, 특히 부산물 수입이 많은 웨트밀방식의 순코스트는 총코스트보다 0.143달러나 낮다.

EU의 곡물을 이용한 에탄올 생산은 약 70%가 원료코스트이고 카사바를 이용하는 태국의 에탄올 생산에서는 부산물 수입이 없으므로 총코스트와 순코스트가 같으며 코스트 중 70%가 원료코스트이다.

이상과 같이 사탕수수를 원료로 하는 크라질의 바이오에탄올은 현시점에서는 가격경쟁력이 가장 높은 바이오연료이다.

 바이오연료 생산의 노림과 효과

(1) 미국의 동향

세계 최대의 원유수입국 · 소비국인 미국의 경우는 1970년대의 오일쇼크를 계기로 에너지 안전 보장 기운이 높아졌다. 그 후 대도시의 대기오염이 심각해짐에 따라 MTBE* 대신 가솔린의 항산화제로 바이오에탄올 수요가 높아졌다. 미국의 바이오연료 증산 제2단계는 MTBE 사용 금지에 뒤따른 에탄올의 대체수요 확대가 계기가 되었다.

2005년 8월에는 에너지정책법이 제정되고, 2007년 1월 당시의 부시대통령은 일반교서 연설에서 "2020년까지 가솔린 소비량 중 바이

---

* MTBE(methl tertiary buryl ether)는 석유와 천연가스를 합성하여 생성되는 가솔린 첨가제 분자 속에 산소를 함유하고 있으며 연소성이 좋고 1990년 대에는 옥탄가 향상제로 고옥탄가 가솔린에 많이 이용되었다. 그러나 그 후 환경오염물질로 알려져 사회문제가 돼었기 때문에 현재는 거의 사용되지 않고 있다.

오연료의 비율을 10% 끌어올리는 목표(Twenty in Ten)를 제시했다.

원유가격이 오름에 따라 에탄올 수요가 급격하게 늘어나자 옥수수 가격도 더불어 대폭 상승했다. 그 결과 중서부지역 농가대책으로서의 효과가 이르게도 2006년에 나타났다.

미국에서는 과거 반세기 동안이나 옥수수가 남아돌아 보조금을 주어 해외로 수출하는 정책을 펴왔다. 그 결과 재정부담이 늘어나 옥수수 가격은 장기간에 걸쳐 혼미를 이어왔다. 그래서 풍부한 옥수수의 새로운 방도로 '에탄올'이 부상하여 1970년대 당시로서는 위험성이 커 투자자들이 기피했던 에탄올 공장에 농민들이 투자하기 시작했다.

하지만 가솔린 소비량은 계속 증가하여 1970년 시점의 가솔린 소비량에 대한 바이오연료 소비량 비율은 불과 5% 정도였다.

(2) 브라질의 동향

브라질의 바이오에탄올산업은 전통적인 설탕산업의 부수사업으로, 제당공장에 에탄올공장이 병설되는 형태로 성장했다. 1975년부터 시작된 '국가알코올계획'에 따라 원천(源泉)에서 하구(河口)에 이르는 포괄적 지원을 오래 계속한 결과 에탄올뿐만 아니라 설탕산업의 기반 구축에도 성공했다. 이것은 설탕과 에탄올 쌍방의 원료인 사탕수수산업이 확립된 것을 의미한다.

브라질 정부는 일찍부터 에탄올의 판매 확보(즉 출구대책)에도 힘을 쏟아 에탄올의 가솔린 혼합의무와 세금우대, 에탄올 전용차 개발 등을 지원했다. 동시에 해저유전 개발에도 힘을 쏟아 2006년에는 사실상 석유의 자급자족을 선언했다.

에탄올 생산과 소비확 대에 노력하고 가솔린 소비량을 전략적으로 감축한 결과 2008년의 에탄올 판매량은 처음으로 가솔린 판매량을 추월했다.

에탄올 생산뿐만 아니라 최근에 수출도 늘어나자 설탕도 병행적으로 생산·수출이 늘어나고 있다. 원료인 사탕수수도 작부면적과 수확 쌍방이 늘어난 결과 사탕수수 경작농가뿐만 아니라 많은 사탕수수 수확자, 수출분야에서 일하는 사람들에게도 경제적인 이익이 공여되고 있다.

(3) 유럽(EU)의 동향

EU는 CAP(공통농업정책)의 보호 아래 소맥과 설탕의 원료인 사탕무가 남아돌아, 수출보조금 등의 지원조치로 해외시장에 방출하여 수급의 균형을 유지하여 왔다. 그러나 항상 잉여 농산물과 가격 지원에 따른 재정부담 문제가 근저에 깔려 있었다. 이러한 곡물 등의 주력상품을 처리할 수 있는 해결책으로 떠오른 것이 에너지 시장이며, 에너지 작물로서의 새로운 시장 개척이었다.

EU로서는 지구온난화 가스 발생의 최대 원인인 가솔린 등의 자동차 연료를 줄이고 바이오연료를 보급시키는 일은 중요한 과제였다. 또 이는 교토의정서의 대응책이기도 했다.

하지만 이제까지는 독일과 프랑스 두 나라가 바이오에탄올과 디젤의 압도적인 생산국으로 성장했을 뿐, 여타 가맹국의 바이오연료에 대한 대책과 퍼포먼스는 제각각이었으며 상위 4~6개국 이외의 생산량은 매우 낮은 상태이다.

더욱이 최근에는 재정 실정으로 바이오연료 증산의 가장 큰 기폭제였던 세제우대조치의 단계적 철폐 움직임이 주산국인 독일과 프랑스에서 감지됨으로써 곡물가격의 상승, 수입 바이오연료의 증가도 함께 작용하여 바이오연료를 둘러싼 EU의 상황은 어려운 상태에 있다.

이와 같은 상황 속에서 식량과 환경에 해로운 영향을 주지 않기 위해 바이오연료의 생산·이용을 지속적으로 추진하기 위한 기준(지속가능성 기준 : sustainability criteria)에 대한 검토가 이루어져 2008년 12월에 기본합의가 이루어졌다.

이제까지의 결과 EU에서는 미국이나 브라질과는 달리 아직 농업, 에너지 자급, 환경 등의 그 어느 관점에서도 바이오연료에 따른 현저한 효과는 나타나지 않고 있다.

(4) 태국의 동향

아시아 국가 중에서 태국은 바이오연료 전략이 명확하며 포괄적이고 임기응변적인 정책을 채용하고 있다. 바이오연료 이용자인 석유업계 [이전의 국영태국석유공사 (PTT) 등]의 협력 아래 바이오연료 생산·이용은 착실하게 발전하고 있으며 현시점에서는 비록 양은 적지만 수출도 가능한 나라가 되었다.

태국에서는 왕실의 주도가 기초가 되고 있는 점이 하나의 특징이다. 또 주력 수출품인 설탕과 녹말의 원료인 사탕수수와 카사바 (cassaba)* 등 두 종류의 원료에서 바이오에탄올 생산을 확대하고 있는 점도 다른 나라와는 다른 특징이다.

가난한 농가가 재배하고 있는 카사바는 낮은 가격으로 가격 변동도 심한 생산품이지만 정책지원이 거의 없으므로 바이오에탄올의 수요가 확대됨에 따라 가난한 농가의 소득 개선이 기대된다. 물론 원유수입 의존도와 대기오염 감축도 기대한 바 있겠지만 무엇보다 카사바나 사탕수수를 생산하는 저소득층 농가의 소득 향상으로 이어진다면 농업개발면의 보람을 찾을 수 있을 것이다.

---

* 카사바의 학명은 manihot esculenta로, 원산지는 열대 아메리카이다. 등대초과의 낮은 나무로 높이는 약 2~3 m, 뿌리 (감자나 고구마 같은 것)는 길이 30~70 cm, 지름 5~10 cm로 방사상으로 달린다. 식용, 녹말용 원료로 사용된다. 줄기를 밭에 꽂기만 하면 번식하고 건조한 땅, 산성토에도 강하다. 녹말은 타피오카 (tapioca) 녹말로 수출되고 있다.

2·8 바이오연료의 빛과 그림자

최근 수년 사이, 특히 세계 최대 바이오에탄올 생산국이 된 미국에서는 정책지원, 원유가격 상승을 배경으로 그 생산을 급속하게 확대해 왔다.

'빛' 부분으로서는 앞에서 기술한 바이오연료의 세 가지 목적 중 '농업·농촌개발', 즉 농산물가격 상승으로 농가의 소득량이 현저하게 늘고 있다. 바이오연료 생산은 바이오연료의 원료인 옥수수, 사탕수수 등의 가격을 상승시키고 아울러 농가소득 향상을 초래했다. 그러나 에너지 안전보장 측면에서는 브라질을 제외하고 바이오에탄올은 아직 가솔린의 '첨가제' 수준을 넘지 못하고 있으므로 바이오연료 생산과 비교할 때 이용면에서는 과제가 많다.

바이오연료 생산에 의한 온실가스 효과(GHG) 감축에 관해서는 몇 가지 개별적 데이터가 있기는 하지만 국제적으로 확립된 평가기법은 없으므로 객관적인 평가는 이제부터이다. 바이오연료가 생산되는 토지의 변화를 포함한 바이오연료 라이프 사이클 중에서, GHG 감축률을 화석연료와 비교하여 평가하는 것이 환경에 대한 영향을 평가함에 있어 중요하다고 생각한다.

이처럼, 현시점에서는 바이오연료의 상업생산 차원에서의 환경평가는 뒤처져 있으며, 다만 원료 특성상 사탕수수를 원료로 사용하는 브라질의 바이오에탄올 효과는 뛰어나다는 보고가 많다.

다른 한편, 옥수수를 원료로 사용하는 미국의 경우는 에탄올 생산에 많은 에너지를 소비하기 때문에 에너지 수지(에탄올 생산에 필요한 에너지와 생산되어 나오는 에너지의 비율)도 1을 약간 넘는 수준이며(브라질의 경우는 8.3) GHG의 감축효과도 상대적으로 낮다.

GHG의 감축효과가 높은 것으로 알려진 브라질의 바이오에탄올에 관해서는 대두 재배를 접고 사탕수수로 전작을 확대함에 따라 아마존

지역에서의 대두 재배와 목축을 위한 열대우림 벌채가 진행되고 있으므로, 이 간접적인 영향을 지적하는 소리도 있다.

사탕수수의 수확방법에 있어서도, 주로 지방의 노동자를 동원하여 손으로 베어내고 있지만 수확을 쉽게 하려고 사탕수수를 태워 수확하는 습관이 아직 남아 있다.

불을 질러서 수확하는 경우의 문제점은, 이산화탄소 배출과 당도 감소에 따른 설탕·에탄올 생산성의 악화이다. 그러나 상파울루주에서는 최근 협정에 따라 불을 질러 하는 수확은 2017년까지 폐지하기로 결정했다.

다음으로 '그림자 부분'을 살펴보자. 우선 곡물을 포함한 식료품가격을 들 수 있다. 바이오연료 생산으로 식료품가격이 크게 올랐다는 많은 보도가 있으며 바이오연료와 식량의 경합문제가 클로즈업되고 있다. 엄밀하게 말하면, 최근의 식료품가격 상승은 바이오연료만이 원인이 아니고, 원유가격의 상승, 환율 (미국의 약 달러), 오스트레일리아의 한발 등, 이상기온 등의 여러 가지 원인의 상호작용으로 인한 것이다.

FAO (국제식량농업기구)에 의하면, 1998~2000년 3년의 식료품 등의 가중 평균가격을 100으로 하면 2006년 또는 2007년부터 곡물, 식료품, 유제품 등의 가격이 상승하고 2007년에서 2008년에 걸쳐 곡물, 식료품, 유제품 가격은 200을 넘는 수준으로 변동되고 있다. 물론 가격 상승의 원인은 품목에 따라 다르다. 예컨대 유제품은 오스트레일리아의 한발로 인한 생산 감소, 많지 않은 무역량에 세계적인 수요 증가가 원인이며 바이오연료가 직접적인 원인은 아니다.

바이오연료의 식량에 대한 영향에 관해서는 일부 사람들의 의견에 귀 기울일 것이 아니라 냉정하고 객관적인 논의가 필요하다.

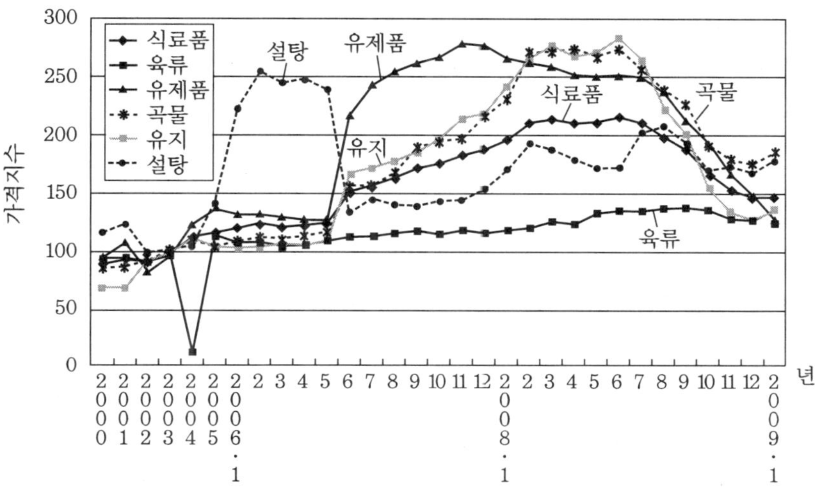

그림 2-7   식료품가격지수의 추이

 바이오연료의 의문점

 농업, 환경, 에너지 분야와 관련이 있는 바이오연료 생산과 이용을 효율적으로 추진하는 것은 쉬운 일이 아니며 다음 각 장에서도 언급했듯이 많은 과제를 클리어하지 않으면 안정적인 생산·이용이 어렵다.

 바이오연료의 생산은 화학연료 생산코스트에 비해 비싼 편이므로 지속적인 정책 지원이 불가결하며, 그 이용자인 석유업계와 소비자의 이해도 매우 중요한 요소가 된다.

 바이오연료가 적절한 형태로 생산된다면 전술한 3가지 목적에 관하여 메리트를 산출할 가능성이 있지만 바이오연료와 그 원료의 생산·이용방법에 따라서는 식량과 환경에 나쁜 영향을 미칠 가능성을 부정할 수 없다.

　　현재 바이오연료의 생산·이용뿐만 아니라 정책에 관해서도 다양한 의견과 의문을 국제기구, NGO (민간 공익단체) 등에서 제시하고 있는데, 그 요지를 정리하면 다음과 같은 것이 아닐까 생각한다. 이들 문제에 대한 해답은 바이오연료의 원료와 생산방법, 국가, 지역 등 어느 차원에서 다루느냐에 따라서도 변화가 있고, 진지한 조사, 연구가 필요한 과제도 포함되어 있다.

- 식량 안전보장 (식량 공급, 식량가격 등) 측면에서 나쁜 영향은 없는가?
- 적절한 원료는 무엇인가?
- 참으로 온실가스 감축으로 이어지는가?
- 토지 (토양), 물, 생물다양성에 대한 위험은 없는가?
- 농업개발 측면에서 메리트는 있는가?
- 지원금 없이도 자립성이 있는가?

〈필자/가토 노부오. 일본 정부 농림수산성 관리를 거쳐 2003년부터 독립행정법인 농축산업진흥기구 조사정보부장으로 바이오연료를 포함한 농축산물 국내외 수급에 관한 조사, 정보수집분석 업무를 총괄. 2008년부터는 농림수산정책연구소에서 국제 식량정보분석관으로 세계 식량수급, 바이오연료 등의 조사 연구를 담당 (이하 7장까지 동)〉.

제 3 장

바이오에탄올의 선구자 브라질의 실정

 바이오연료를 대체연료화에 성공한 유일한 나라

브라질은 사탕수수를 원료로 설탕(세계 최대 생산 및 수출)과 에탄올(세계 최대 수출국)을 생산하고 있는 나라이다.

브라질 정부는 이제까지 사탕수수, 설탕 및 에탄올 생산에서 에탄올 소비에 이르는 모든 관련자에게 도움이 되고 이익이 되는 종합적인 바이오에탄올 생산진흥책을 전개함으로써 석유업계, 자동차업계를 포함한 일련의 관계자 협력을 구하면서 '사탕수수산업' 진흥에 전력해 왔다. 그 결과 세계 1위의 설탕과 에탄올 수출국으로 정착할 수 있었다.

바이오에탄올의 생산기반 확립을 이끈 국가정책은 1975년에 시작된 '국가알코올계획(proalcohol)'에서 비롯되었고, 이 계획으로 바이오에탄올뿐만 아니라 간접적으로 설탕산업도 크게 발전했다.

브라질에서 사탕수수산업에 관련되는 고용인원은 직접고용자가 약 100만 명이고 간접고용자(사탕수수 수확인, 수송업자 등)를 포함하면 전체 약 300만 명에 이를 것이라고 한다.

에너지광산부(ministerio de minase energia : MME)에 의하면 2007년도 브라질의 에너지공급 중 재생가능 에너지가 차지하는 비율은 46%(전년도 대비 9.5% 증가)였으며 사탕수수 유래의 공급에너지는 16%(전년도 대비 17% 증가)를 기록했다.

또 국가석유청(agencia nacional de petroleo : ANP)에 의하면 2008년의 바이오에탄올 판매량이 처음으로 가솔린 판매량을 상회함으로써 브라질의 바이오에탄올을 가솔린의 대체 연료로 보급시키는 데 성공했다.

최근의 이와 같은 에탄올 수요 급증은 2003년부터 판매가 시작된 플렉스차(flexible fuel vehicle : FFV)의 월별 등록대수가 현재 총자동차 등록대수의 약 90%에 이르는 것이 배경이었다.

브라질은 가솔린을 대체할 수 있는 바이오연료의 개발·보급에 성공한 유일한 국가가 되었으며 이 수준까지 따라올 수 있는 국가는 현재로서는 찾아볼 수 없다.

 ## 에탄올산업은 설탕산업의 부차산업

브라질에서 1903년 이래 설탕으로 만든 에탄올이 자동차연료로 이용된 사실과, 주로 제당공장에 병설되는 형태로 에탄올 제조설비가 도입된 사실을 미루어 보아 에탄올산업은 '설탕산업에서 가지를 뻗은 부차산업'이었다고 할 수 있다.

1929년의 세계경제위기 후, 브라질에서 가장 오래된 산업인 설탕산업은 큰 타격을 받았다. 설탕산업 회복을 위해 설탕생산보호위원회 (comissao de defesa da producao de acucar : CDPA)가 설치되고 이는 후에 설탕알코올원 (instiuto do acucar e do alcoon : IAA)으로 개편되었다.

IAA는 1933년부터 사탕수수제품 (설탕, 에탄올)의 엄격한 공급관리를 관장했다. 구체적으로는, 공장별로 설탕과 에탄올에 대하여 각각 생산할당 (quota)제를 실시했고, 설탕은 국내와 해외시장용, 에탄올은 무수에탄올과 함수에탄올 각각에 대하여 할당했다. 또 IAA는 설탕의 수출 독점권도 보유했다.

바이오에탄올 이용을 촉진하기 위해 가솔린에 에탄올을 혼합하는 제도는 1931년부터 실시되었으며 (처음에는 가솔린에 에탄올을 5% 혼합) 1938년에는 아예 의무화했다 (문헌 1). 브라질에서는 순수한 가솔린은 판매되지 않고 있으며 현재 '가솔린'이라고 하면 에탄올이 25% 혼합된 연료 (E25)*를 말한다.

이와 같은 사정에서, 1973년에 제1차 석유위기로 석유가격이 폭등

---

* 엄밀하게 말하면 수급상황에 따라 혼합률은 20~25% 사이에서 조정된다.

하자 우선 원유수입의 의존도를 경감하기 위해 세계은행의 자금지원을 받으면서 1975년부터 국가알코올계획을 시작했다. UNICA* (상파울루주 사탕수수 농공연합회)에 의하면 이 계획은 사탕수수를 원료로 하는 제당공장에 에탄올 증류(蒸溜)시설을 도입하여 설탕과 에탄올 두 가지를 생산함으로써 석유위기 동안 브라질의 취약한 에너지 사정 개선과 설탕산업의 다양화를 노린 것이었다.

국가알코올계획의 골격은 다음과 같다.

- 에탄올 가격의 보증 [함수 에탄올 (E100) 가격이 가솔린 가격의 60~70% 정도가 되도록 가격 통제]
- 가솔린에 에탄올 혼합 의무
- 국영석유회사 (페트로플러스사)**에 의한 에탄올 유통관리 (중간 저장시설의 독점권, 공장은 해당시설 이외에 에탄올 판매를 금지)
- 에탄올 제조업자에 대한 장려사업 (저리융자, 신용보증)
- 알코올 전용차 엔진 제조에 대한 장려조치와 전용차 소유자에 대한 세금 우대조치

국가알코올계획은 사탕수수와 에탄올에 대한 직접적인 보조금 지급은 없었지만 에탄올수요가 획기적으로 늘어남으로써 설탕의 원료이기도 한 사탕수수 생산도 간접적으로 증대시켰다.

---

* UNICA (uniao da Industria de cana-de-acucar)는 '상파울루주 사탕수수 농공 (農工)연합회'를 이르는 것으로, 1997년에 설립되었다. 약 100개에 이르는 대규모의 설탕 · 에탄올 제조업자로 구성되어 브라질 설탕생산의 약 60%, 에탄올 생산의 약 50%를 점유하고 있다. UNICA의 목적은 설탕과 에탄올 등의 관련 제조에 관해서 정부와의 조정, 시장개척 및 정보제공 서비스를 실시하고 있으며 외국 여러 나라의 설탕 · 에탄올 무역장벽 삭감 또는 철폐에도 힘을 쏟고 있다.

** 페트로플러스사는 1941년에 설립되어 브라질 국내의 원유생산, 점유 · 판매, 석유화학사업, 석유수입, 바이오디젤과 바이오에탄올 상품을 개발하고 있다. 또 브라질 국외에서도 원유를 생산, 점유, 판매하는 브라질 최대의 국영석유기업이다.

　　1980년 중반에는 새로 출고되는 자동차의 약 80% 이상은 100%의 함수에탄올로 달리는 에탄올 전용차가 점유하여 가솔린 이상으로 함수에탄올 시장은 확대되었다.

표 3-1 　브라질의 바이오에탄올 정책 추이

시기	내용
1931년	가솔린에 바이오에탄올 혼합(5%)을 의무화(1925년에 처음 혼합시험)
1930년대~	1933년 설탕·알코올원(IAA) 설립으로 설탕·에탄올 시장에 정부가 본격적으로 개입, 가격 통제, 공장에 대한 생산량 설정 등
1973~1974년	제1차 석유파동 → 석유의존도가 약 80%였기 때문에 대외채무가 확대 1974년에는 설탕가격이 급락
1975년	국가알코올계획 　에탄올의 가격 보증, 국영석유회사에 의한 판매독점권과 일부 유통 독점. 에탄올 제조자에 대한 지원과 알코올 전용차에 대한 지원 등
1979년	제2차 석유파동 → 에탄올 전용차를 판매하기 시작
1980년 후반	재정난과 인플레로 경제개혁 단행(에탄올 진흥책 감축 포함) 석유가격의 급락(1985~1986년) 국제설탕가격의 상승(1988년) → 설탕수출시장 자유화
1989년	설탕용 사탕수수 수요 확대로 에탄올 부족(2/4분기) 소비자의 에탄올 전용차 이탈
1990년대	국가알코올계획의 규제 완화(페트로플러스사의 독점권 폐지 등) 환경 측면에서 에탄올 혼합 규제는 계속
2003년	플렉스차(FFV)를 판매하기 시작
2007년 7월	가솔린에 에탄올을 혼합하는 비율을 23%에서 25%로 상향 조정

하지만 1980년 후반부터 1990년대 중반까지 국가알코올계획에 위기가 닥쳤다. 그 배경은 ㈎ 1980년 후반부터 시작된 석유가격의 하락(가솔린 가격이 보다 유리한 위치에), ㈏ 설탕가격의 회복(에탄올보다 설탕생산의 우위점이 높아지다), ㈐ 국가알코올계획에 의한 재정문제가 있었다.

1990년부터는 가솔린에 혼합하는 무수에탄올 수요가 계속 상승하여 에탄올 전용차용 함수에탄올 수요는 크게 떨어졌다.

이와 같은 상황 변화를 맞아, 1990년대부터 규제가 완화되기 시작하여 먼저 설탕분야부터 실행에 들어갔다. 구체적으로는, 1990년 3월에 IAA가 개편되고 그 1년 후에는 설탕가격이 자유화되었다. 그러나 할당제와 사탕수수에 대한 가격통제는 계속 이어졌다.

1997년부터 1999년에 걸쳐서는 에탄올의 가격통제가 완화되었다. 1997년 5월 1일부터는 무수에탄올 가격이 자유화되어 무수에탄올 수요 확대에는 제동이 걸리지 않았다. 그 후, 1999년 5월 1일부터는 함수에탄올 가격도 자유화되어 가격은 급락했다. 그리고 이 사이 페트로플러스사에 의한 유통관리제도 폐지되었다.

이처럼 국가알코올계획 아래서 실시했던 대부분의 정책이 폐지되었으나, 이 계획에는 123억 달러의 자금(1975~1989년 사이)이 투입되어 브라질의 사탕수수산업 발전에 큰 공헌을 했다.

3·3 에탄올 정책의 현황

현재는 에탄올산업을 포함한 사탕수수산업 전반에 대한 종합적인 지원책을 실시하지 않고 있지만 여전히 다음과 같은 가솔린에 에탄올을 혼합하는 의무와 세금대책은 실시되고 있다.

(1) 가솔린에 무수에탄올 혼합의무

　1990년대에 국가알코올계획이 완화된 가운데서도 정부가 에탄올시장의 동향에 따라 가솔린에 대한 에탄올 혼합률을 조정함으로써 에탄올 수요를 관리하는 제도가 유지되었다. 현재의 혼합률은 25%(20~25% 사이)이고 가솔린과 에탄올을 혼합하는 블렌더 (blenders)*는 이 혼합률을 준수할 의무를 지고 있다.

표 3-2　가솔린에 에탄올을 혼합하는 비율 추이

법령발효일 또는 시행일 (주 1)	혼합률 (주 2)	비고
1931/2/20	0~5%	
1966/9/8	25%	
1976/7/1/~1978/4/25	10~25%	주에 따라 혼합률이 다르다 상파울루주 : 1976/7/2 (11~12%) 　　　　　　　1977/5/19 (11~13%) 1977/10/20 (18~20%) : 상파울루주의 북부 1977/12/20 (18~20%) : 상파울루주 전체
1978/7/26	20%	중남부
1978/9/5		북동부
1981/9/28	12%	북동부는 1981/4/22, 중남부는 1981/6/30부터
1981/12/17	15%	
1982/1/5	20%	
1984/6/20	22%	
1989/3/13	18%	
1989/8/7	22%	상파울루주
1989/9/4	13%	상파울루주는 22%
1989/11/16	13%	

＊ 브라질에서는 배급소 (distributors)라고도 한다.

날짜	혼합률	비고
1990/6/12	22%	상파울루주
1992/9/23	22%	
1998/5/28	22~24%	
1998/6/15	24%	
2000/8/7	20~24%	
2000/8/20	20%	
2001/5/31	22%	
2002/1/10	24%	
2002/5/27	20~25%	
2002/7/1	25%	
2003/2/1	20%	
2003/6/1	25%	
2005/10/14	20%	
2006/3/1	20%	
2006/11/20	23%	
2007/7/1	25%	

자료 : 농무부[Ministerio da Agricultura, Pecuaria e Abrastecimento (MAPA)], Departamento
　　　da Cana-de Acucar e Agroenergia
주 1 : 1988/5/28 이후는 시행일, 그 외에는 법령발효일
주 2 : 비고란에 기재가 없는 한 브라질 전국의 혼합률

　　1990년경 이전의 혼합률은 수급사정에 따라 크게 변동하였으나 그
이후는 20~25% 선에서 안정되었다. 최근 이 제도가 가장 효과를 발
휘한 것은 2005년의 가뭄으로 에탄올 가격이 크게 오른 때였다. 가뭄
으로 사탕수수 생산량이 감소하여 같은 해 말부터 2006년 초반 사탕
수수가 단경기(端境期)에 들어섰을 때 에탄올 가격이 크게 올라 가
솔린 가격과의 우위성이 상실되었다.

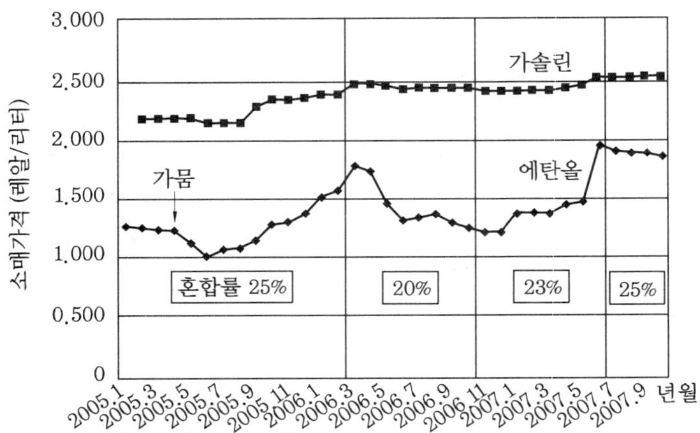

자료 : Agra FNP의 가격 데이터를 바탕으로 작성

그림 3-1 혼합률 조정 효과

이 때문에 브라질 정부는 2006년 3월에 당시 25%의 혼합률을 20%로 완화했고 생산자쪽도 뒤따라 사탕수수 수확을 앞당겨 에탄올 가격을 안정시키는 데 노력했다. 그 후 순조롭게 사탕수수와 에탄올이 생산되어 2006년 11월 20일부터 혼합률을 23%로 올렸으며, 2007년 7월부터는 다시 25%로 올려 현재에 이르고 있다.

(2) 에탄올의 우대 세제와 수입관세

① 에탄올과 가솔린의 세제조치

㈎ 연료세 (CIDE) : 에탄올은 면세

도로 유지관리비 등에 이용. 가솔린에는 과세액 (고정)이 1리터당 0.28레알이 부과되며 제조사 (페트로플러스사)가 블렌더에 가솔린을 판매할 때 과세된다. 에탄올에 대해서는 현재는 면세.

㈏ PIS/COFIS (사회부담세) : 에탄올은 면세

가솔린에는 1리터당 0.2616레알의 과세액 (고정)이 책정되었으며

제조자가 배송업자에게 판매할 때 과세된다. 에탄올은 역시 감면된
다. 에탄올의 경우에는 제조자가 배송업자(블렌더)에게 판매할 때
3.65%의 부가세가 과세되고 다시 배송업자가 소매업자에게 판매할
때 8.2% 과세된다.

(다) ICMS(상품유통 서비스세)

ICMS는 주세(州稅)로 에탄올에 대해서는 12~35%의 부가세(많은
경우 25%)가 과세된다. 대부분의 주에서는 에탄올이나 가솔린에 모두
동등한 부가세가 과세되고 있다.

② 수입관세

메르코스르*(아르헨티나, 파라과이, 우루과이) 이외의 나라로부터
수입하는 에탄올에 대해서는 20%의 관세가 부과되지만 국내물량 부
족시에는 관세를 부과하지 않는다. 이 시책으로 에탄올 가격이 많이
오른 2006년 2월에는 잠정적으로 수입관세를 면세했다.

③ 기타

플렉스차 구입시 세제면에서의 우대조치와 에탄올공장 건설이나
개축 때 국가사회경제개발은행(BNDES)에 의한 융자제도(1000만 레
알 상한으로 기간은 2007~12년) 등이 있다.

바이오연료 재생산을 위해서는 '출구대책', 즉 저가격대책과 판로
확보가 가장 중요한 과제이다. 수요에 맞추어 에탄올을 생산한들 그
것이 가솔린보다 값이 저렴하지 않으면 보급이 불가능하다. 플렉스차
용의 함수에탄올(E100)은 가솔린에 비해서 발열량이 떨어지기 때문
에 가솔린가격의 약 70%를 넘으면 이용이 기피되는 현상이다. 가솔
린의 대체연료로 에탄올 이용을 촉진하기 위해서라면 브라질이 실행

---

* 메르코스르는 역내의 관세장벽 등이 철폐된 MERCOSUR(남미 남부 공동
  시장)을 이른다.

한 것과 같은 플렉스차 판매를 촉진하는 대책 (세금면에서의 우대조치 등)이 효과적이다.

　브라질은 바이오에탄올뿐만 아니라 에너지의 안전보장 측면에서 원유생산에도 함께 힘을 쏟아왔다. 1973년에는 리우데자네이루만 난 바다의 대서양 캄보스 퇴적층에서 최초의 해저유전이 발견되었다. 오일쇼크를 계기로 타국 석유의존에서 탈피를 목표로 정한 브라질은 고도의 심해굴착기술을 독자적으로 개발하여, 오늘날 많은 석유플랫폼이 대서양 심해에서 석유를 퍼올리고 있다.

3·4　원료인 사탕수수의 생산 상황과 환경문제

　브라질의 사탕수수 재배역사는 매우 오래되었다. 1532년 포르투갈의 탐험가인 소사 (Martim Afonso de Sousa)가 처음으로 브라질에 사탕수수 묘종을 가지고 들어와 상파울루주 산토스항 인근의 상비센치에서 최초로 사탕수수 재배가 시작되었다.

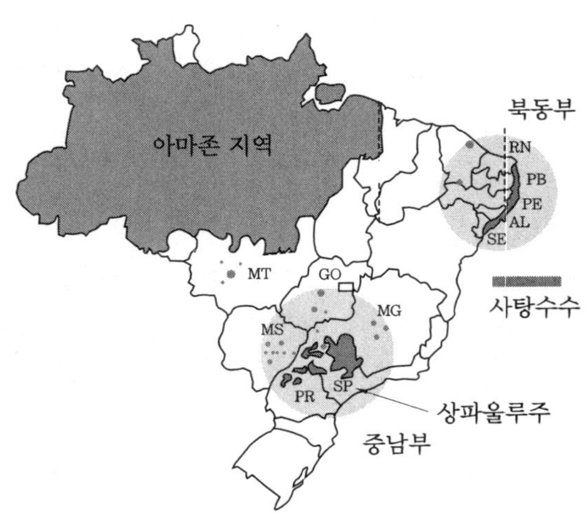

자료 : UNICA

그림 3-2　브라질의 사탕수수 재배지역

에탄올의 원료가 되는 사탕수수 생산지는 그림 3-2와 같다. 식민지시대에는 북동부 (9~3월 수확)가 주산지였으나 그 후에 천혜의 재배조건을 갖춘 상파울루, 리우데자네이루 등 큰 소비지에 가까운 중남부 (4~11월에 수확)로 재배지가 옮겨졌다. 중남부는 토지가 광대할 뿐만 아니라 비도 적절하게 내리는 등 양호한 기상조건이 배경이었다.

2003~08년의 중남부 (남동부, 중서부, 남부)의 사탕수수 생산량은 브라질 전 생산량의 약 88% (남동부 69%, 중서부 10.4%, 남부 8.3%)이고 상파울루주는 브라질 전 생산량의 약 61%를 생산하고 있다.

한편, 북동부지역의 사탕수수 생산지 중심은 아라고아스주와 페르난브코주이다. 이 지역은 중남부 지역만큼 토지·기상조건 등이 양호하지 않기 때문에 수확률이 낮고 코스트가 높다. 또 이 지역에는 빈곤층이 많으므로 정부는 이전부터 사탕수수 생산자에게 경제정책, 사회정책을 조성하여 왔다. 그러나 현재 조성조치는 폐지되어 사탕수수 생산량은 근년 5000만~6000만 톤 정도로 저조한 상태에 있다.

국가알코올계획이 출반한 1975년의 브라질 전국 사탕수수 생산량은 약 9000만 톤에 불과했으나 90년대에는 2억 톤대로 늘어나고 1997~98년에는 3억 톤을 넘었다. 그러나 이 이후 2005~06년까지의 생산량 확대추세는 가뭄 등의 기상요건으로 둔화하는 경향을 보였다. 2006~07년 이후는 비교적 기상조건이 양호하여 같은 해의 생산량이 4억 톤대로 올라섰고, 2007~08년에는 5억 톤에 육박할 추세이다.

브라질의 총면적은 약 8억 5000만 ha로 광대하다. 그러나 이 중에서 아마존 지역이 3.6억 ha (42%)이고, 이어서 목축지가 2.1억 ha (25%), 미개발지 (보호지역인 5200만 ha는 제외)가 약 1억 ha (12%)이므로 실제 농업에 이용되고 있는 토지는 불과 8%인 6300만 ha에 불과하다.

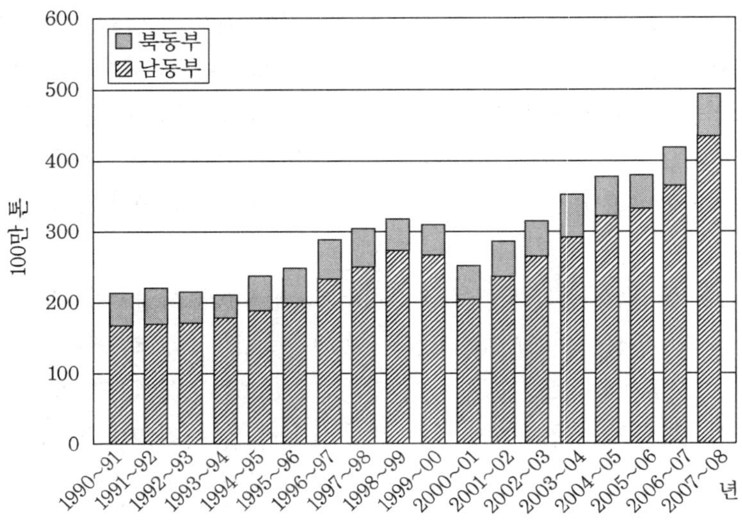

자료 : UNICA

그림 3-3 사탕수수 생산량 추이

바이오에탄올과 설탕의 원료인 사탕수수 수확면적 (2008년의 예측
치)은 약 762 ha (전년도 대비 13.8% 증가)였다. 몇 해 전부터 재배면
적이 늘어나고는 있지만 여전히 전 국토의 1%에도 이르지 못하는 실
정이다. 이처럼 브라질에서는 토지에 관한 한 제약이 없으므로 단수
향상에 의한 증산수단밖에 없는 미국에 비해서 사탕수수 증산의 퍼텐
셜이 크다.

브라질의 사탕수수 육종활동은 민간의 시험연구기관까지 포함하여
매우 활발하다.

광대한 토지에다, 조건이 다른 토지에도 적합한 품종 개발, 쿠롱균
에 의한 효율적인 생산, 주요 병충해에 저항선이 강한 품종 육성, 조
기 (早期) 고당성 품종 육성, 그리고 에탄올 제조에 적합한 '에너지수
수' 육성에 진력하고 있다. 이와 같은 활동은 사탕수수의 유용한 유전
자 해석, 마카 선발, 유전자조작 등의 연구에 의해서 효과적으로 진
행되고 있다.

이 육종에서는 사탕수수의 분자생물학적인 기초연구에도 힘을 쏟고 있으며, 제초제 저항성 유전자, BT*유전자, 당 축적에 관여하는 유전자 등을 도입한 형질전환체를 만들어내고 있다.

브라질 각지의 제당공장과 계약을 체결한 연구소도 있어, 사탕수수 품종과 재배에 관한 기술적 조언과 지도를 하고 있다.

바이오연료 생산코스트에서 바이오매스가 차지하는 코스트가 가장 크기 때문에 원료작물의 육종활동은 매우 중요하다. 예를 들면, 당도가 높은 품종, 가뭄에 대한 저항성, 조생~만생종 등의 품종 육성은 에탄올공장의 생산성 향상에 크게 공헌한다.

다만, 넓고 넓은 땅덩이를 소유하고 있다고는 하지만 최근에 와서는 사탕수수의 생산 확대를 위해 육우(肉牛)용 방목지와 콩밭을 전작하는 사례가 늘어남으로써 간접적으로 아마존지역의 삼림을 파괴하여 육우용 목장 조성과 대두재배지 진출이 이어지고 있다는 일부 비판도 제기되고 있다. 사탕수수 재배면적 확대가 직접적으로 아마존지역 삼림파괴를 조장하는 것은 아니지만 연쇄적인 삼림파괴에 대한 비판에는 일리가 있다.

브라질연방정부는 이와 같은 형세 속에 사탕수수 재배지역을 구분하는 지침으로 ZAE · Cana (Zoneamento Agroecologico da Cana-de-Acucar)**를 설정하는 것을 검토하고 있다. 이 검토에는 농무부뿐만 아니라 광산에너지부, 환경부, 대통령부 등 설탕 및 에탄올 생산과 관련되는 복수 기관이 연대하여 대처하고 있다.

재배추진지역 설정은 사탕수수 재배에 적합한 토양, 지속적 생산이 가능한 기후조건, 기계수확의 가능성 등, 지리적 조건뿐만 아니라 생

---

* 본래부터 토지에 생식하고 있는 bacillus thuringiensis라는 세균(BT균)이 갖고 있는 특정 해충에 대하여 독이 되는 단백질을 만드는 유전자로, 해충 저항성 품종 개발에 이용한다.

** ZAE-Cana에 관해서는 일본 농축산업진흥기구의 "설탕류정보(2008년 10월호)"에서 인용

물 및 환경보호에 관해서도 고려하여 ⑺ 사탕수수 재배추진지역, ⑴ 재배제한지역, ⑴ 정부가 관여하지 않는 지역 (⑺와 ⑴를 제외한 지역)으로 분류하려 하고 있다. 특히 브라질연방정부가 법정보호구역으로 정한 아마존지대와 습지대인 판타날, 삼림 등은 사탕수수 재배를 제한하는 대책이 검토되고 있다.

2008년 11월 상파울루주에서 열린 바이오연료에 관한 국제회의에서 브라질 농무부장관은 "아마존과 판타날 지역에는 사탕수수 재배를 금지시킬 예정"이라고 밝혔다. 세계적으로 바이오연료 생산과 환경문제에 대한 관심이 높아지는 가운데서, 아마존문제 등의 마이너스적 이미지를 조금이라도 떨쳐버리려는 브라질정부의 대응이 돋보인다.

또 하나의 불씨인, 사탕수수를 불질러 수확 (화전)하는 문제에 관해서는 상파울루주의 경우 2002년에 제정한 주조례에 따라 2012년부터 12% 미만의 경사지의 화전을 금지하기로 하였으나 에탄올 제조자와 협정을 맺어 이를 2012년으로 앞당겨 금지하기로 했다. 참고로, 12% 이상의 경사지, 또는 150 ha 미만의 밭에서는 주조례로 2031년부터 금지토록 하였으나 협정으로 2017년부터 금지키로 했다.

브라질 정부 환경부에 의하면 2006~07년 상파울루주의 기계수확률은 34%였으나 2007~08년에는 46%, 그리고 2008~09년에는 50%를 넘을 것으로 예측하고 있다 (Agra Informa, Biofuel Brazil, November 18, 2008).

이처럼 상파울루주에서는 많은 지방출신 노동자를 사용하여 손으로 베어 수확하던 것이 하비스터 (수확기)에 의한 기계수확으로 착실하게 옮겨가고 있다.

3·5 사탕수수로부터의 에탄올과 설탕의 효율적인 생산

브라질의 에탄올은 세계 최저 수준의 코스트로 생산이 가능한 사탕수수를 이용하여 생산하고 있다.

사탕수수를 원료로 하는 에탄올은 세계적으로는 설탕의 부산물로 생산되는 당밀*을 이용하여 생산하는 것이 일반적이지만 브라질에서는 사탕수수의 착즙(cane juice)을 주체로 하고 당밀도 일부 회수하여 생산하고 있다. 생산된 에탄올의 약 75%는 사탕수수 착즙으로 생산되며 나머지 25%는 당밀을 이용하여 생산하고 있다.

사탕수수를 원료로 에탄올을 제조하는 공정으로는 ㈎ 사탕수수를 짜서 즙을 낸 다음 그 즙을 이용하여 알코올 발효시키는 방법(설탕도 이 짜낸 즙으로 생산)과 ㈏ 짜낸 즙을 직접 이용하지 않고 설탕을 만드는 과정에서 생산하는 당밀(부산물)을 이용하여 제조하는 두 가지 방법이 있다. ㈏의 방법은 태국에서도 이용하는 방법인데 부산물인 당밀을 사용하므로 설탕 생산에는 아무런 영향을 미치지 않는다.

한편, 브라질의 많은 공장에서는 당밀이나 에탄올 모두 사탕수수 즙으로 만들지만 일부 다른 나라의 경우처럼 나머지 즙을 두서너 번 정도 회수하지는 않는다. 그 때문에 나머지 즙에서 얻는 부산물인 당밀에도 비교적 에탄올이 많이 포함되므로 그것을 에탄올 생산에 돌려 이용하는 공장도 있다.

설탕용과 에탄올용 사탕수수의 비율은 그림 3-4와 같다. 1975년부터 시작된 국가알코올계획 출발 당시에는 설탕용 사탕수수 생산비율이 80% 정도였으나 그 후 감소세로 돌아서 에탄올용 비율이 급증했다. 그러나 1990년대의 규제 완화로 그 차이가 줄어들어 2000년 무렵에는 거의 50대 50 비율로 전망되었다.

이 이후에는 국내외의 에탄올 수요 호조로 신설공장 대부분은 에탄올 전용공장으로 지어지고 그 결과 2007~08년에는 에탄올용이 약 55%였으나 2008~09년에는 약 60%로 늘어났다.

---

* 사탕수수 1톤에서는 약 88리터의 에탄올이, 당밀 1톤에서는 340리터의 에탄올이 생산된다. 당밀은 설탕 제조 때 발생하는 부산물이며 비중이 큰 점착성의 흑갈색 액체이다. 당밀에는 약 40~30%의 당분이 함유되어 있어 알코올(공업용, 주조용)과 조미료의 원료, 가축사료로 이용되고 있다.

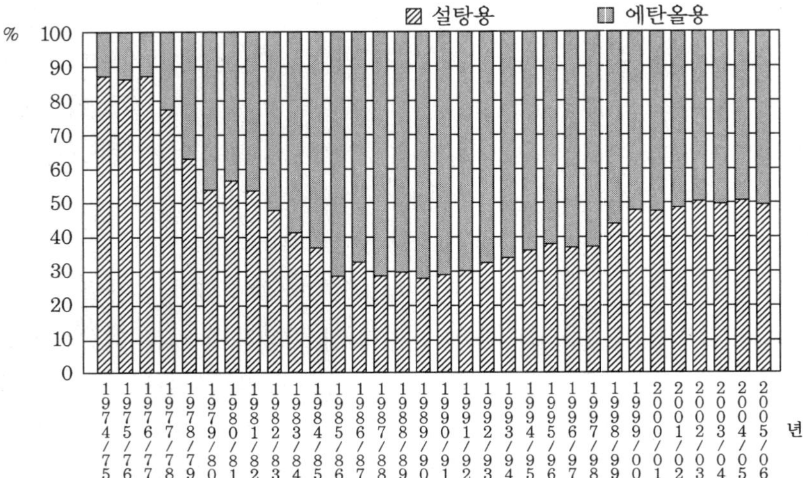

자료 : MAPA, Balanco Comercial da Cane-de-Acucar e Agroenergia 2007
주 : 단위는 ATR (사탕수수 당도 중량 : p.75) 베이스의 비율

그림 3-4 사탕수수의 설탕용과 에탄올용 비율 추이

최근의 에탄올용 사탕수수 재배 확대는 국가알코올계획 후 제2의
기폭제가 된 플렉스차의 급속한 판매 확대가 배경이었다.

설탕과 에탄올용으로 갈리는 데는 두 가지 주요 요소가 있다. 하나
는 설탕과 에탄올의 가격이다. 양쪽 모두 세계 최대 수출품이므로 수
출가격이 매력적이면 국내시장보다는 수출시장으로 많이 몰린다. 또
하나의 요인은 공장의 생산라인 구조이다. 공장측으로서는 설탕과 에
탄올 생산라인 가동률을 어떻게 최대로 끌어올리느냐에 따라 수익성
이 크게 증감하게 된다.

UNICA (상파울루주 사탕수수 농공연합회) 간부와 공장 관계자들에
의하면 설탕과 에탄올의 시장가격으로 결정되는 (경제원칙) 단순한 이
야기가 아니라 공장의 생산라인 구조 이외에도 다른 공장과의 경쟁요
인 등도 있어 복잡하다고 한다.

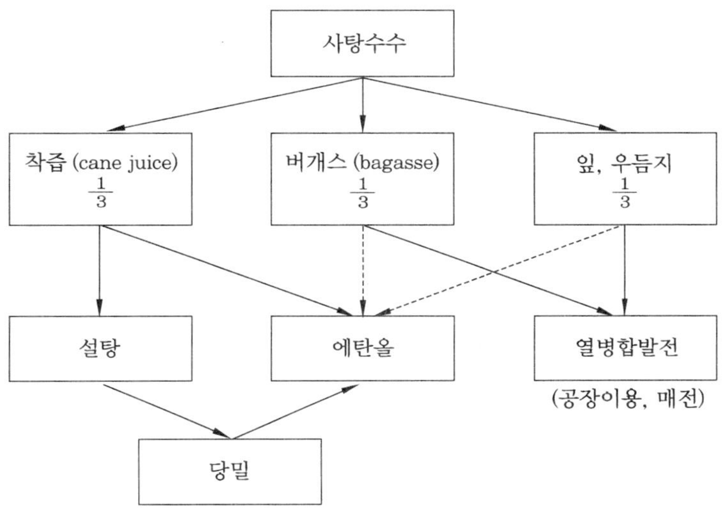

자료 : UNICA의 자료를 토대로 작성
주 : 점선은 연구개발단계

그림 3-5 에너지원으로서의 사탕수수 이용

지난 1~2년 사이에는 확대되는 에탄올 수요를 배경으로 에탄올 전용공장이 증가하고는 있지만 (미국의 드라이밀방식 제조공장 증가현상과 유사) 브라질에서는 여전히 에너지효율과 위험분담 관점에서 설탕과 에탄올 양쪽 생산라인을 갖춘 공장이 많다.

사탕수수로 설탕 혹은 에탄올을 제조하는 공정에서 발생하는 섬유찌끼인 버개스 (bagasse)는 보일러에 태워 발생한 증기를 열원 (熱源)으로 쓰거나 혹은 터빈을 돌려 발전하여 공장의 열원이나 전력원으로 코제너레이션 (열병합발전)에 이용하고 있다.

UNICA에 의하면 브라질의 설탕·에탄올 수입 (2007~08년)은 약 200억 달러로, 54%가 에탄올 판매로, 44%가 설탕 판매, 2%가 바이오전력 (버개스 전기판매 수입)에 의한 것이라고 한다.

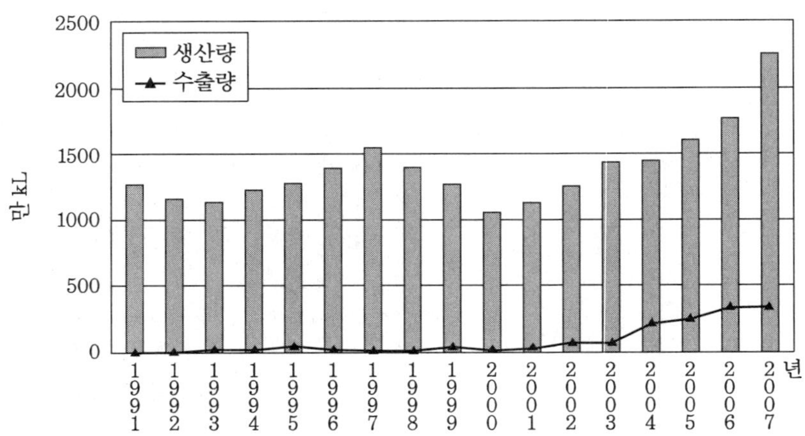

자료 : 브라질 광산 에너지부 (MME), Brazilian Energy Balance 2007, 2008

그림 3-6   에탄올 생산량 · 수출량 추이

3·6 에탄올과 설탕 생산 동향

세계 에탄올 생산상황에 관해서는 앞에서 기술한 바와 같이 생산량 측면에서는 미국이 가장 많고 브라질이 두 번째이지만 수출량에 있어서는 단연 브라질이 크게 앞선 1위를 기록하고 있다.

최근의 에탄올 생산 · 수출동향에 관해서 보면 생산량은 2000년의 1067만 kL에서 2008년 2610만 kL로 약 2.4배 급증했다. 또 수출량은 2003년까지는 국내수요로 늘어났기 때문에 100만 kL를 넘지 못했지만 2004년 이후는 수출량이 급증하여 2007년에는 353만 kL까지 증가했다.

2003년 이후의 플렉스차 판매 증가로 2005~06년에는 함수에탄올 (E100) 생산량이 가솔린에 혼합되는 무수에탄올 생산량을 웃돌고 2007~08년에는 함수에탄올 비율이 64%까지 증가했다.

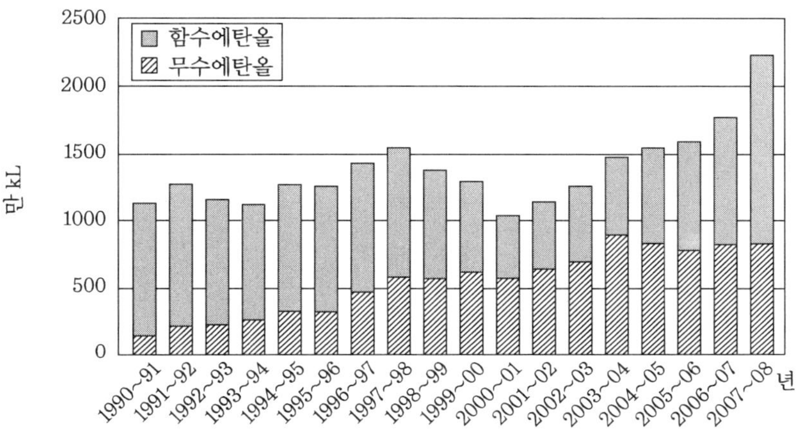

자료 : UNICA

그림 3-7 함수 · 무수에탄올의 생산량

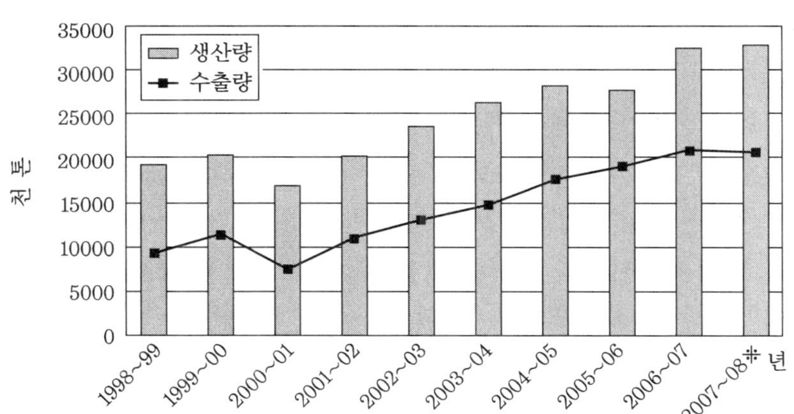

자료 : F.O. Licht's International Sugar and Sweetner Report, 3 July 2008
주 : ※는 속보치, 연도는 5월/4월

그림 3-8 설탕의 생산 · 수출량 추이

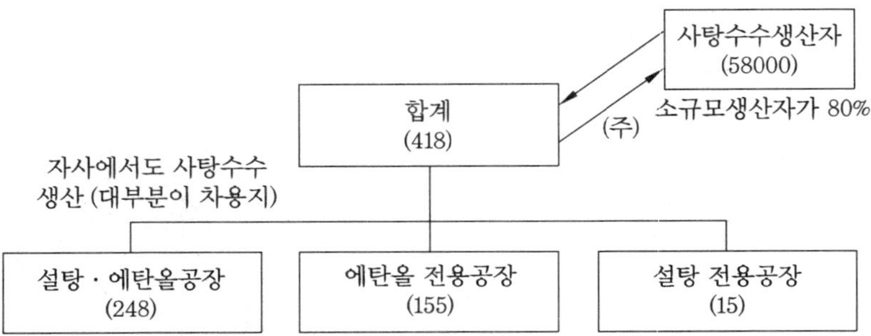

자료 : 농무부 (MAPA), Departamento da Cana-de-Acucar e Agroenergia 데이터를 기
준으로 작성
주 : 설탕과 에탄올 판매로 얻은 총수익을 생산자에게 분배, 단가는 ATR (사탕수수 당
도중량)을 기준으로 결정

그림 3-9   에탄올공장 생산구조 (2008년 12월 24일 기준)

설탕생산에 있어서도 증가경향이 이어지고 있으나 에탄올 증산수
준에는 미치지 못하여 1999~2000년에서 2007~08년에 걸쳐 생산량
신장은 약 1.4배였고 특히 지난 몇 해 사이에는 신장도가 줄어들고
있다.

앞에서 기술한 바와 같이 브라질에서는 제당공장에 에탄올 발효 ·
증류시설을 도입한 '하이브리드 공장'이 대세이다. 버개스에 의한 열
원 · 전력을 효율적으로 이용할 수 있는 것도 배경이다. 그러나 최근
에는 세계적인 에탄올 수요를 맞아 에탄올가격이 설탕가격보다 매력
적이기 때문에 신설공장은 에탄올 전용공장이 대세이다. 구체적으로
는, 2005년과 2008년 12월 시점의 데이터를 비교하면 에탄올 전용공
장수가 50에서 155로 약 3배나 급증했다.

3·7 플렉스차 (FFV)의 빠른 보급

에탄올 수요를 늘게 하는 또 하나의 큰 요인은 2003년 3월부터 판
매가 시작된 플렉스차 (FFV)와 그 후의 빠른 보급 확대였다.

2003년의 FFV 생산대수는 불과 4대였으나 2007년에는 240만대로 급증함으로써 자동차 생산대수의 약 72%를 기록하고 있다.

플렉스차는 에탄올과 가솔린의 어떠한 배합비율 연료로도 주행이 가능한 차로, 브라질의 독자적 기술에 의해서 개발되었다. 기본적인 시스템은, 센서가 배기가스 산소함유량을 측정하여 엔진 관리시스템 (engine management system : EMS, 연료탱크의 에탄올 레벨을 표시)에 신호를 보내면 EMS가 에탄올 양을 파악하여 자동적으로 점화 조절을 하도록 되어 있다.

FIAT사의 1500 cc 플렉스차의 가격은 약 3만 2000~3만 4000레알, 가솔린차는 약간 싼 2만 7000레알 (200€년 3월 기준)정도이다. 브라질 관계자에 의하면 에탄올 10% 혼합가솔린 (E10)이면 보통 자동차일지라도 주행이 가능하다는 것이다.

이 플렉스차는 2008년에는 약 600만대의 보급이 예상되고 (보급률 약 25%), 2012년의 보급률은 약 50%, 2015년에는 약 65%에 이를 것으로 자동차공업회 (ANFAVEA)는 예측하고 있다.

플렉스차 (SIENA)
SIENA FIRE FLEX (1000cc)

가솔린차
에탄올과 천연가스로 달리는 택시

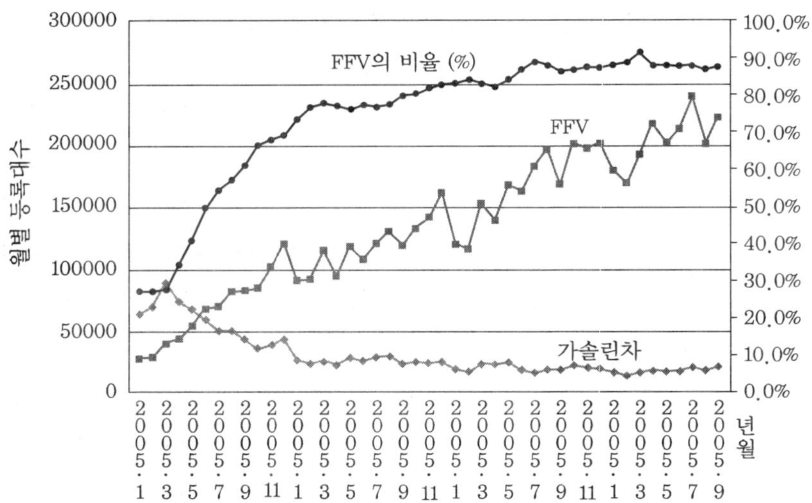

자료 : 자동차공업회 (ANFAVEA) "Carta da ANFAVEA" 월보를 참고로 작성
주 : 수치는 Passenger cars와 light commercials의 합계등록대수

그림 3-10 FFV 등록대수 추이

3·8 에탄올의 유통실태

(1) 수송시스템의 과제와 인프라 정비계획

가솔린과 디젤이 파이프라인으로 공급되는 데 비하여 에탄올 수송은 육로 (트럭)가 약 60%, 철도가 20%, 수로가 약 10%를 감당하며, 파이프라인을 통한 수송은 4%정도에 불과하다. 육로 수송은 코스트가 높을 뿐만 아니라 고속도로 대부분이 열악한 상태이고, 수송용 트럭들도 노후화 상태이다. 또 철도는 1990년대 일련의 민영화로 정비가 어려운 문제 등, 에탄올 수송시스템에는 어려운 과제가 많다.

상파울루시에서도 에탄올을 수송하는 국내 유통은 다음 (1), (2)의 경로, 즉 공장에서 각 회사의 배급센터를 통하여 가솔린 스탠드에 배급되는 경로가 대세를 이루고 있다.

대부분의 무수알코올은 페트로플러스사가 거느리는 주요 석유기업에 직접 판매되고 있고, 함수알코올은 많은 대 · 중 · 소 규모의 석유기업이 공장에서 매수한 다음 그것을 가솔린 스탠드에 배급하고 있다.
   (1) 공장 → 중간저장시설 (collectors) → 파이프라인 출발점 → 자사 배급센터 (distributors) → 가솔린 스탠드
   (2) 공장 → 각 배급센터 (distributors) → 가솔린 스탠드

상파울루시에서 북서쪽으로 128 km 떨어진 파울리니아 (Paulinia) 시에는 페트로플러스사 최대의 정유소가 있어 각 지방에서 오는 에탄올 집적의 거점이 되고 있다. 또 파울리니아시는 에탄올 최대 소비자인 상파울루시와 리우데자네이루까지의 파이프라인 출발점이기도 하다. 이 파이프라인은 석유제품용이다.

장차 에탄올 수출 증가가 예상되기 때문에 에탄올 전용의 파이프라인망 정비계획이 수립되어 있다. 예를 들면 페트로플러스사, 브라질기업인 마르고코헤이야사 및 일본의 미쓰이물산이 공동으로 고이아스주의 세르드르카네트시에서 상파울루주의 산세바스티안 (San Sebastian) 항으로, 또 페트로플러스사는 마투그로수의 캄푸그란지시에서 파라나주의 파라나구아 (Paranagua)항으로 에탄올 전용 파이프라인 건설을 발표하여 에탄올수출 인프라 정비계획이 추진되고 있다.

페트로플러스사에 의해서 계획되고 있는 산세바스티안항까지의 파이프라인이 완성된다면 이 항구는 중남부지역 에탄올 수출의 주요 항구인 산토스 (Santos)항 및 파라나구아항과 어깨를 나란히 할 것이라고 한다.

또 COSAN케이블은 약 16억 레알을 투자하여 상파울루주의 파울리니아시와 산토스항 사이 618 km를 연결하는 파이프라인을 건설할 예정이다. 이 라인의 완성시기는 2011년 상반기로 예정하고 있다. 이 파이프라인이 개통된다면 물류관리 코스트를 35~40%나 감축할 수 있다고 한다 (Biofuels International, 18 September 2008).

(2) 현지배급센터에 대한 조사

페트로플러스사 배급센터는 공장에서 구입한 에탄올을 가솔린과 혼합한 다음 상파울루 시내의 가솔린 스탠드에 공급하는 배급센터로, 부지면적 22 ha, 장소는 상파울루시에서 6 km 떨어진 Alamirante Delamare에 있다 (2005년 6월 당시).

한 달 연료 (가솔린, 에탄올, 디젤) 인수량은 56000 kL로, 이 중 에탄올은 무수에탄올 5500 kL, 함수에탄올 3000 kL이며 탱크용량은 무수에탄올 5000 kL, 함수에탄올 1200 kL이다.

이 센터에서는 가솔린 스탠드에 배급하는 탱크로리에 연료를 넣기 직전에 플랫폼에서 혼합하는 방법을 채용하고 있다.

한편, 당해 배급센터에 접근하는 에소사와 쉘사의 배급센터에서는 splash blending법 (가솔린 탱크 속에 에탄올을 넣어 혼합하는 방법)을 채용한다고 한다.

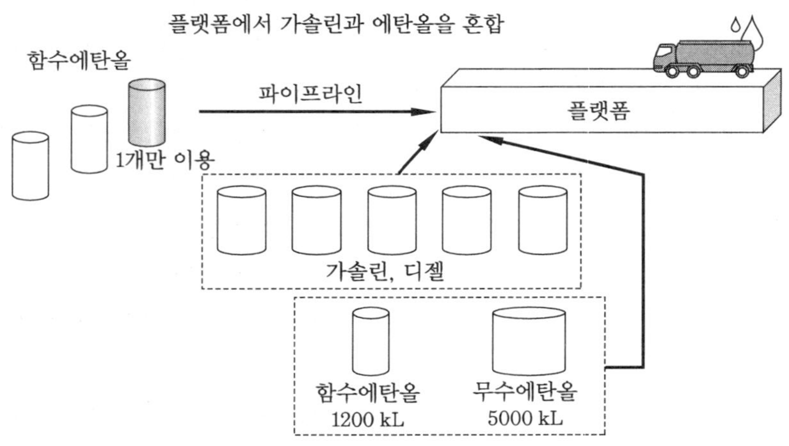

그림 3-11 **배급센터 내의 탱크 배치도**

가솔린과 에탄올의 혼합률 제어장치
운전기사의 ID카드를 사용하여
자동적으로 가솔과 에탄올 혼합률을 조정

**연료탱크에서 플랫폼으로 연결되는
연료파이프**
왼쪽에서부터 가솔린, 무수에탄올,
함수에탄올, 디젤용 파이프

공장에서 운송되어 온 무수에탄올을 적재한 탱크로리(47 kL 용량)가 플랫폼에 도착하면 탱크 위에서 샘플링하여 pH, 산도 등을 측정한 다음 저장탱크까지 파이프라인을 통하여 수송된다. 한편, 인수한 가솔린과 디젤은 파이프라인으로 직접 탱크로 운송된다.

탱크에 저장되어 있는 가솔린과 에탄올은 파이프라인으로 부지 내의 플랫폼까지 보내지고 가솔린 스탠드에 배급하는 탱크로리에 적재하기 직전에 플랫폼에서 혼합한다.

가솔린 스탠드 배급용 탱크로리는 평균 15 kL 용량이지만 5 kL별로 구분되어 있으며 같은 플랫폼이 이용된다.

플랫폼에서는 탱크로리마다 ID카드가 발급되며 운전기사가 각자의 암호번호를 컴퓨터에 입력하면 자동적으로 혼합률과 양이 지시되어 연료 혼합과 유입이 자동적으로 진행된다.

이 공장의 가솔린과 무수에탄올 블렌드 방법은, 탱크와 연결되어 있는 가솔린과 무수알코올의 두 파이프가 플랫폼이 교차하는 곳에서 혼합된다.

하나의 파이프(혼합파이프) 속에는 나선상의 부품이 설치되어 있어, 그 회전으로 혼합된다.

블렌드방식에는 톱식(플랫폼의 상부에서 블렌드)과 보텀식(플랫폼 하부에서 블렌드)이 있지만 현재는 톱식이 대세이다.

브라질의 가솔린 스탠드망은 다양하여, 페트로플러스사 제품을 취급하는 가솔린 스탠드는 전국에 약 7150개소, 다음에 이피란가(Ipirannga)사가 약 4000개소, 쉘사가 약 3000개소, 에소사가 2500개소를 운영하고, 이 외에 중·소사로 다수 존재한다.

상파울루주에서 페트로플러스사의 가솔린 스탠드 시장점유율(share)은 약 26~27%이지만 자사 소유의 스탠드는 거의 없고 페트로플러스사의 로고를 달고 위탁판매하고 있다. 또 한 배급센터를 많은 가솔린 스탠드가 공유하고 있는 상황이며 소매상황은 복잡하다(이상은 2005년 6월 현재).

(3) 가솔린 스탠드에서의 급유

브라질에서는 보통 가솔린(25% 무수에탄올 혼합가솔린, E25)과 함수에탄올 100%의 연료(E100)는 한 배급 패널에서 배급할 수 있고, 디젤과 프리미엄 가솔린은 각각 다른 패널에서 급유된다.

플렉스차 소유자라면 가격을 보면서 가솔린(E25)과 함수에탄올(E100)을 자유롭게 급유할 수 있다. 단, E100의 가격이 가솔린가격(E25)의 70% 이하가 안 되면 E100이 경쟁력이 있다고 한다.

(4) 최초의 에탄올 전용 터미널

산토스항 소재 터미널조합인 TIS(terminal intermodal de santos)는 다른 제품을 취급하는 개별회사로 구성되는 조합(consortium)으로, 제품[에탄올, 액화화학품(에틸렌, 크실렌 등) 식물류 등]의 인수, 저장, 수출 등을 하고 있다. 전체 저장능력은 11만 2000 kL로, 41개의 탱크를 소유하고 있다.

이 중에서 27탱크가 화학품, 에탄올은 6개 탱크 (5000 kL가 4, 1만 kL가 2)이다. 에탄올은 24시간 철도 또는 탱크로리로 수송되며, 하루 인수능력은 탱크로리와 철도가 각각 3700 kL이다.

연간 에탄올 취급능력은 100만 kL이고, 이것은 2005년 산토스항에서 수출한 전 에탄올 양에 상당하다. 탱크에서 선박까지는 파이프라인으로 반송하고 있으며 선적능력은 시간당 700 kL 반송이 가능한 기계 2기를 소유하고 있다. 앞으로 에탄올 수요 증가에 대비하여 저장능력을 2배로 늘릴 예정이다 (2006년 3월 현재).

TEAS (terminal exportador de alcool de santos)는 중남부 생산의 무수·함수 에탄올을 저장, 수출하는 브라질 최초의 에탄올 전용 터미널이다. TEAS는 CRYSTALSEV사, COSAN그룹, CARGILL사, NOVAAMERICA사 및 PLINIO NASTARI사 등 5개사의 에탄올을 취급하고 있으며, 이 5개사 분량은 브라질 국내 수출량의 3분의 2를 차지하고 있다.

터미널은 2005년 8월에 개업했고 최초 수출은 2005년 9월 1일이었다. 영업 개시부터 2006년 3월 20일까지의 에탄올 저장 수량은 17만 5000 kL, 선적 16만 5000 kL, 인수용 탱크로리 대수는 4500대에 이른다.

산토스항의 에탄올터미널 (TEAS) 플랫폼

TEAS의 에탄올 저장용 탱크

3·9   설탕 · 에탄올공장의 사례

(1) 설탕 · 에탄올의 하이브리드공장

상파울루시에서 북서쪽으로 약 280 km 떨어진 바라 보니타 (Barra Bonita)시에 위치한 세계 최대 규모의 공장 (Da Barra)의 개황 (2005년 6월 조사기준)은 다음과 같다.

이 공장은 1940년에 설립된 세계 최대의 설탕 · 에탄올 및 부산물 수출업자 단체인 COSAN 그룹의 13개 유닛 중 하나이다. 이 그룹의 전체 사탕수수 생산량은 2900만 톤, 설탕 생산량은 250만 톤, 에탄올 생산은 120만 kL 규모이다.

상파울루주의 대규모 설탕 · 에탄올공장 외관
상파울루시에서 북서쪽으로 약 280 km 지점에 있는 바라 보니타시에 1945년 설립된 COSAN그룹의 공장이다. 왼쪽이 에탄올공장, 오른쪽이 설탕공장이며 연간 에탄올 생산능력은 36만 kL이다.

이 공장은 1945년에 설립하여 현재 종업원은 약 2만 명으로, 설탕 (크리스틸당, 비결정당, 그래뉼러당) 및 에탄올을 생산하는 세계 최대

규모의 설탕 · 에탄올 생산 단위이다. 연간 사탕수수 생산량은 680톤, 설탕 생산량은 54만 톤, 에탄올 생산량은 36만 kL를 기록하고 있다.

공장가동기간은 4월부터 12월까지로, 8시간 3교대로 24시간 조업하며, 하루 사탕수수 착즙능력은 3700톤이다.

전력은 사탕수수에서 산출되는 버개스를 연료로 충당하고 있으며, 공장에서 생산되는 전력은 하루 20만 인구의 도시전력을 감당할 수 있는 양이라고 한다.

버개스에 의한 잉여전력은 전력회사에 판매함과 동시에 일부 버개스는 가축사료로도 이용하고 있다.

① 사탕수수 생산

자사 종업원 1040명 (이 중 농업지도자 5명)으로 사탕수수 전 생산량의 65%를 생산하고 있으며, 나머지 35%는 외부 사탕수수 생산자 (suppliers)와의 계약재배로 생산하고 있다. 사탕수수 생산자 수는 401명으로 대부분이 소규모이고 99%가 전업 (專業)이며 생산밭은 634곳이나 된다. 사탕수수를 심고 수확하는 작업자는 약 2000명에 이른다.

이 지역은 기복이 완만하고 한 필지당 면적도 크며 무엇보다 비도 적절하게 내려 사탕수수를 생산하기에 매우 알맞은 조건이다.

사탕수수 생산자의 평균 작부면적은 29 ha이고 외부 생산자의 단수는 낮아 1 ha당 74톤이다. 그들은 그다지 부지런하게 비배관리를 하지 않고 있으며 시비대책, 잡초처리가 불충분하다고 한다.

공장은 ㈎ 외부 생산자에 대한 무상 기술지도 (농업지도자에 의한 강습회 개최, 현장지도 등)를 하고 있으며, ㈏ 생산계획 작성과 모든 거점에 대해 매월 생산상태를 파악, ㈐ 묘종도 무상제공하고 있다.

사탕수수 생산의 가장 큰 제한요인은 가뭄이다. 그러나 보통 연간 1500 mm 정도의 강우가 있으므로 관개시설은 필요하지 않다. 1 ha당 사탕수수 생산코스트 내역은 표 3-3과 같다.

표 3-3 **설탕 · 에탄올공장(Da Barra)의 사탕수수 생산코스트**

(단위 : 레알/ha)

작업항목	생산코스트 (단위 : 레알)
심는 준비작업	1034.23
심기	2073.02
재배	753.60
수확	988.64
계	4849.49

② 사탕수수 재배 · 수확

사탕수수는 심은 뒤 5~6회 밭매기를 하고, 재배기간은 보통 12개월에서 18개월 걸린다. 식부와 수확은 기계화가 미진하여 하비스터(수확기)에 의한 수확은 자사 생산분이 약 20%, 외부 생산분은 약 10%에 불과하다. 그러나 손으로 베어내는 수확도 한 사람당 하루에 2.5~3톤에 이른다고 한다. 외부 생산자도 기계로 수확하는 것은 대규모 경영자뿐이고 대부분은 공장에서 수확기를 빌려 수확하고 있다.

자사가 소유하고 있는 수확기(하비스터)는 11대이고 1대당 2.4명의 오퍼레이터가 작업하며 40톤/시간의 작업능력이 있다.

수확기를 외부 생산자가 빌리면 15레알/톤, 운송비 약 0.8레알을 포함하여 합계 15.8레알/톤이 소요된다. 한편, 인력으로 베어내는 노임은 톤당 17레알이므로 기계로 수확하는 편이 싸다. 중남부와 북동부는 각각 수확시기가 다르므로 중남부의 수확 때는 동북부의 인력을 동원할 수 있다. 수확할 때는 밭에서 버너로 사탕수수에 불을 질러 줄기만을 수확하는 곳도 간혹 보인다.

현재 공장에서는 약 10종의 사탕수수 품종을 사용하고 있으며 자사에도 품종개발부가 있다. 새 품종 개발은 브라질연방대학과 상파울루주의 칸피나스농업연구소가 연구 · 개발하고 있지만, 종묘의 대부분은 연간 종묘생산업자로부터 구입하고 있다.

공장 담당자에 의하면 사탕수수 처리능력은 포화상태이며, 이 전통적인 사탕수수 재배지대에서는 사탕수수 작부면적 확대도 어렵기 때문에 단수를 늘리는 것과 좋은 품질 (당도가 높은)의 사탕수수를 만드는 것이 과제라고 한다. 한편, 상파울루주 서부 등에서는 신규 참여자도 생기고, 축산을 접고 보다 수익성이 높은 사탕수수 생산으로 바꾸는 외부 생산자도 나타나고 있다.

③ 외부 생산자와의 계약 및 지불방법

공장과 각 외부 생산자는 생산량 예견으로 계약하고 있다. 실제 구입가격은 중량을 바탕으로 사탕수수 품질과 설탕 · 에탄올 가격을 참고하여 조정된다. 또 지불방법은, 보통 사탕수수 지입 때에 선불로 80%를 지급하고 연도말인 4월까지의 매달 설탕과 에탄올의 국내외 가격조사 결과에 따라 보정하여 5월에 차액 조정분을 지불하고 있다.

지불가격의 구체적인 산출방법에 관해서는, 사탕수수당의 당도중량 (ATR)을 x라 하면, [x (kg)×단가]로 산출하며 x는 보통 1톤당 125~160 kg이다. 2006년 4월 시점에서의 단가는 0.24레알/톤이므로 x를 140 kg (평균값)으로 계산하면 다음과 같이 된다.

$$140 \text{ (ATR)} \times 0.24 \text{레알} = 33.6 \text{레알/톤}$$

여기에 평균 단수 74톤/ha을 곱하여

$$34 \text{레알} \times 74 \text{톤} = 2516 \text{레알 (약 1000달러)}$$

가 외부 생산자에 대한 지불액이 된다.

일반적으로 4~6월에는 당도가 낮아 외부 생산자들은 사탕수수 공급을 피하는 경향이 있으므로 상반기보다는 하반기에 공급량이 증가한다.

(2) 에탄올 전용공장 (파라나주)

① 파라나주에서의 사탕수수 재배

사탕수수는 브라질 남부의 파라나주 (연간 강수량은 1800~2000mm) 면적의 2%, 130지역에서 재배되고 있으며, 평균 작부면적은 약 36ha이다. 최근에는 670만 ha의 목축지에 목축을 포기하고 사탕수수, 대두, 옥수수 재배로 전환하는 사례가 늘어나고 있다 (2006년 3월 조사). 농지값이 많이 올라 육우의 방목밀도 (이전에는 1ha당 1마리 정도)를 높이고 조기출하 (생후 20개월 정도면 출하)가 늘어났기 때문에 남은 목축지를 사탕수수 재배지로 이용하기 때문이다.

파라나주에는 사탕수수 시험연구기관이 2곳 있다. 품종개량과 토양개량이 주임무인데, 54명의 연구원이 사탕수수의 품종개발 (가뭄에 저항성이 강한 풍종 육성 등)에 종사하고 있다. 주요 품종은 3종, RB (파라나주 전역의 메이저 품종), IAC (상파울루시 위주)와 CTC (COPERSUGAR : 대형 바이오에탄올 제조판매조합) 등이 있다.

파라나주의 사탕수수 산업 직접 고용은 7만 4000명, 간접고용을 합하면 35만 명에 이르러 지역경제에 큰 공헌을 하고 있다.

② 파라나주의 설탕 및 에탄올 생산

파라나주의 설탕과 에탄올 생산량은 다 같이 전국 2위이다. 주에 소재하는 설탕 및 에탄올공장은 모두 27개이고, 이 중 9개 공장은 에탄올 전용, 나머지 18개 공장은 설탕과 에탄올 두 가지 모두를 생산하고 있다.

연간 에탄올 생산량은 약 120만 kL이고, 이 중 25만 kL를 수출하고 있다. 2008~09년에는 사탕수수 작부면적의 증가로 에탄올 생산은 크게 늘어날 것으로 전망되었다.

파라나주에서는 쿠리치바시에서 버스 등의 공공교통기관 연료로 에탄올을 이용한 결과 오염물질이 디젤에 비해서 40%나 감축되었다 (이상은 공장측의 설명).

파라나주의 협동조합방식 에탄올공장
코카마르라는 농협의 소유로 연간 에탄올 생산량 7만 3000 kL, 사탕수수 생산자는 80명

사람이 사탕수수를 베는 모습
보통 1인당 1일 4.5톤을 수확하며 임금은 톤당 2.5레알이다.

③ 코카마르 농공협동조합이 소유하는 에탄올공장

코카마르 (COCAMAR) 농공업협동조합은 1964년에 커피생산자에 의해서 설립되었다. 종업원수는 3400명이고 조합원수는 6500명 (이 중 사탕수수 생산자는 80명), 조합원 70%는 소규모 생산자 (소규모의 정의는 40 ha 이하)이다. 파라나주 북서부에 39곳의 농산물 인수거점을 가지고 있으며, 조직은 마링가시에 있는 본부 (부지 100 ha)에 사무처, 공장 (대두 · 옥수수 등의 식용유, 면사, 마요네즈, 과즙 · 대두음료, 커피 등)과 창고가 있고, 이 밖에도 에탄올공장 (산토메시)과 오렌지주스공장 (파라나웨이시)을 가지고 있다.

매상은 2005년에 9.5억 레알이었고 2006년에는 10억 레알을 예상하고 있으며 매상고에서 차지하는 에탄올부분 비율은 5% 정도이다.

조합원 자격은 1년간 코카마르와 거래하는 것이 전제조건이고, 이 기간 동안 은행에서 가입 희망자의 경력을 조사한다. 그 후에 정식으로 가입신청서를 받게 되면 총무위원회에서 심사한 후에 조합원 자격을 부여한다. 조합비는 전 거래액의 1% 상당액을 납부한다. 비조합원으로부터도 원료를 받아들이기는 하지만 배당은 없다.

1993년에 파라나주 시아노르치지방의 산토메시에 있는 공장을 매수하여 에탄올 생산을 시작했고 2년 전에는 설탕생산 투자도 검토하였지만 추가투자금이 1500만 달러나 필요하여 단념했다 (종업원 수는 1200명).

에탄올은 한 해 7만 3000 kL를 생산하며 (24시간 가동), 2006년에는 2만 kL를 수출할 예정이다. 현재는 함수에탄올 수요가 많으므로 함수에탄올만 생산하고 있다.

사탕수수 압착능력은 하루 4500톤 (중간규모)이고 손익분기점은 3000톤이다. 사탕수수 1톤에서는 82리터의 에탄올을 얻는다.

조합원으로 실제 사탕수수를 재배하고 있는 사람 (토지 소유자)은 80명이고 평균 경작면적은 120~140 ha이다. 여기에 외부인력 160명을 이용하여 이 땅을 빌려 사탕수수를 재배하고 있다.

심는 작업은 사람 손으로 하는 것이 대부분이고 시험적으로 기계로 심기도 한다. 밭고랑 간격은 145 cm이고 크로타라리아를 심어 녹비로 쓰고 사용하고 있다. 또 그루싹 (사탕수수를 수확한 후에 밭에 남은 그루에서 돋아나는 새싹)을 5~6회 길러 연간 3회 수확이 가능하며 수확은 1 ha당 85~90톤으로 매년 향상되고 있다.

수확은 임시고용 노동자를 동원하여 손으로 베어내고 있으며 하루 (6~7시간) 수확능력은 화전에서 1인당 8톤, 보통 밭에서는 4.5톤이다. 불질러 수확하는 화전의 경우 보통 아침 5~6시경에 불을 지른다.

사탕수수를 베어낸 후 60시간 이내에 공장으로 반입된다. 노임은 1톤당 2.5레알 또는 월급으로 750레알을 지급한다. 이 액수는 브라질 최저임금의 약 2배에 해당한다.

공장에서는 브라질 국산의 하비스터 3대를 소유하고 있는데, 이 수확기는 중량 17톤, 출력 240마력으로 일당 수확능력은 700톤이다. 반출용 트럭에는 5~6톤의 사탕수수를 적재할 수 있다.

포장에서 트레슈 [초두부 (잔가지의 끝부분), 마른 잎 등]를 검사하고 있으며 트레슈율의 평균은 2~3%로 낮다.

사탕수수 수확기

COCAMAR의 대형 하비스터로, 하루
수확능력은 700톤, 중량은 17톤이다.

버개스 (사탕수수 찌꺼기)

연간 14만 톤의 버개스를 배출하여 주로
공장의 전력 발전연료로 이용한다.

수확기간은 25~30년 전만 해도 4~6개월이었으나 품종 개량으로 현재는 9~11개월간까지 수확이 가능하게 되었다. 이 결과 공장가동률이 대폭 향상되었다. 사탕수수 매입 가격은 톤당 37레알이고 당도가 가격 책정의 기준이 되고 있다.

버개스(사탕수수를 압착한 후의 찌꺼기)는 연간 14만 톤 배출되며, 수확된 사탕수수의 30%정도가 버개스가 된다. 배출 버개스의 85%를 전력(수증기)으로 이용하고 나머지는 저장해 둔다. 저장량 중에서 2%는 식품회사에 매각하지만 식품이 아닌 가축사료로 사용되고 있다.

버개스로 시간당 7200 kW의 방대한 전력을 생산한다. 이 전력량은 도시에 사는 1만 명분 연간 전력에 상당한다. 또 버개스로부터 연료 펠릿을 생산하여 이탈리아에 수출하고 있으며 (거래가격은 1톤당 15~16달러) 앞으로는 버개스로 에탄올을 생산하는 것도 검토하고 있다.

현재는 버개스가 부족하기 때문에 시판하여 버개스를 구입하여 이용하고 있다. 5년 후에는 전량 자사생산으로 수요를 충당할 예정인데 그러기 위해서는 사탕수수가 100만 톤이 더 필요하다고 한다.

3·10   에탄올 생산 급증의 배경과 과제

브라질 에탄올산업의 비약적인 발전요인은 ㈎ 일찍부터 가솔린에 에탄올을 혼합하는 것을 전국적으로 의무화시킨 점 (세계 유일한 나라), ㈏ 국가알코올계획으로 에탄올뿐만 아니라 설탕 생산기반이 형성된 점, ㈐ 생산기반이 어느 정도 정비된 후에 플렉스차가 폭발적으로 보급된 점, ㈑ 사탕수수와 에탄올 주산지가 에탄올 대소비지인 상파울루주에 소재하고 수출항인 산토스항이 지도거리에 위치한다는 점, ㈒ 토지·기상조건이 비교적 알맞은데다 사탕수수 육종기술과 체제가 톱클래스인 점, ㈓ 사탕수수 식부, 수확 (인력 수확) 작업을 감당하는 지역 노동자가 존재하는 점 등을 들 수 있다.

이처럼 브라질은 세계 최대의 바이오에탄올 공급기지로 자리매김할 정도로 발전하였지만 그렇다고 문제가 없는 것은 아니다.

무엇보다 큰 과제는 유통 인플라의 정비이다. 이 문제는 바이오에탄올에 국한된 과제가 아니라 농산물 수송 전체와 관련되는 과제이다.

3·11   세계 바이오연료 생산기지로서의 장래

UNICA의 자료에 의하면 2015~16년까지 사탕수수 생산량은 약 8억 3000만 톤 (2007~08년 대비 1.7배), 설탕생산량은 약 4100만 톤 (1.3배), 에탄올 생산량은 약 4700만 kL (2.1배), 그리고 버개스에 의한 전력은 1만5000 MW (6.4배)로 예측하고 있다.

사탕수수 산업은 식품, 연료 뿐만 아니라 전력공급 측면에서도 중요성이 제고될 것으로 전망된다.

브라질의 사탕수수를 이용한 에탄올 생산은 코스트가 가장 낮을 뿐만 아니라 이제까지의 각종 데이터로 미루어 에너지 효율이 좋고 이산화탄소 감축효과도 크다고 한다.

수요측면, 즉 플렉스차 판매도 순조로우므로 사탕수수 생산이 차질없이 늘어난다면 앞으로도 에탄올과 설탕의 세계적인 생산·수출국의 자리를 계속 유지할 것으로 보인다.

표 3-4 브라질의 사탕수수 생산 발전 전망

항목			2007~08	2010~11	2015~16	2020~21
사탕수수	생산량	100만 톤	487	601	829	1038
	작부면적	100만 ha	7.8	8.5	11.4	13.9
설탕	생산량	100만 톤	30.6	34.6	41.3	45
	국내분	100만 톤	10.4	10.5	11.4	12.1
	수출분	100만 톤	20.2	24.1	29.9	32.9
에탄올	생산량	10억 리터	22	29.7	46.9	65.3
	국내분	10억 리터	18.4	23.2	34.6	49.6
	수출분	10억 리터	3.6	6.5	12.3	15.7
잉여전력		MW	1800	3300	11500	14400

자료 : UNICA Sugarcane Industry in Brazil
주 : 2007~08년은 추정값

UNICA에 의하면 브라질의 에탄올은 원유가격이 1배럴당 40달러 이상이면 경쟁력이 있으므로 2008년 12월 때처럼 원유가격이 1배럴당 40달러대로 하락하여도 여전히 경쟁력이 있다고 한다.

바이오연료와 식량품에 대한 관심이 높아지는 가운데 식량과 경합하지 않는 원료를 이용한 에탄올 생산연구가 브라질에서도 진행되고 있다.

페트로플러스사는 버개스를 원료로 하는 셀룰로오스(식물의 세포막 주성분)를 에탄올로 바꾸는 연구개발을 진행하고 있으며, 또한 버개스로부터 에탄올을 추출하기 위한 파일럿 플랜트를 건립할 예정이다.

Agra-FNP (해외 컨설턴트 회사)에 의하면, 이 플랜트가 실용화된다면 에탄올용 사탕수수 생산성을 향상시킬 수 있으며, 에탄올 수출에서도 더욱 큰 경쟁력을 확보할 것이라고 한다.

셀룰로오스계 원료 등의 코스트면에서의 한 가지 큰 과제는 회수비용이다. 그러나 버개스로 에탄올을 생산하게 된다면 설탕·에탄올공장으로 운반되어 오는 사탕수수를 이용하게 되므로 회수코스트가 전무한 큰 이점이 있다.

세계 최대 에탄올 수출국 자리에 오른 브라질로서는 주요 수출선의 하나인 EU에서 검토중인 "지속가능성 기준"(지속가능한 바이오연료 생산을 위한 기준, 상세는 후술) 동향에 신경이 쓰이게 마련이므로 브라질 관계자는 EU관계자와 자주 접촉하고 있다. 이 기준의 구체적 내용 여하에 따라 EU를 향한 브라질의 바이오에탄올 수출에 제한이 가해질 우려가 있다.

또 파이프라인 건설 등, 수송인프라 정비계획이 에탄올 증산 베이스에 맞추어 착실하게 진행될 것인지도 두고 볼 일이다.

끝으로 2008년 9월의 리먼쇼크를 발단으로 하는 세계금융위기로 브라질의 설탕·에탄올공장이 악화되고 있다. 약 350개에 이르는 제당공장 (에탄올공장도 포함) 중에서 3분의 1이 경제적으로 매우 어려운 상황에 빠져 있다 (Agra Europe October 31 2008). 최근 공장 건설과 확장공사에 필요한 자금을 해외융자에 의존했던 공장이 많고, 이들은 환율 변동으로 재정사정이 악화되었다. 이 때문에 앞으로 공장 통폐합이 가속화할 것으로 분석하는 애널리스트도 있다.

현재 진행중인 세계금융위기 영향을 받아 브라질의 바이오에탄올 생산이용 증가 추세는 단기적으로 주춤할지 모르지만 브라질 사탕수수 생산과 커패시티 등을 고려하면 UNICA가 전망하듯이 앞으로도 에탄올과 설탕 모두 확대기조로 나아갈 것으로 보인다.

참고

지역 진흥 역할도 하는 바이오디젤 정책
- 2008년 1월부터는 2% 혼합 의무화 -

바이오에탄올에 비해 사용이 뒤진 바이오이젤은 2004년 12월에 정식 출발한 바이오디젤 생산·이용 국가계획(national program of biodiesel production and use : PNPB)에 의해 생산진흥이 시작되었다. 국가알코올계획과 마찬가지로 높은 원유가격을 배경으로 탄생한 것이지만, 이 계획의 목적은 환경조건 개선 외에 특히 가난한 농촌지역·소규모 농가의 고용·소득 향상, 지역격차 시정 등의 사회적 의미의 중요성을 강조하는 차원에서였다.

이 제도에 의하면, 바이오디젤 제조사가 연료배급회사에 바이오디젤을 판매할 때 과세되는 연방세(PIS/Cofins)가 지역과 경영형편 등에 따라 31~100% 감면된다. 북부·북동부의 반건조지역 가족경영의 경우 100% 감면의 가장 큰 혜택을 받고, 대규모 경영으로 좋은 토지조건에서 콩 등을 생산하는 경우에는 감면혜택이 적용되지 않는다.

이 계획에는 2005년 1월부터 브라질 정부에 의해 석유 유래의 디젤오일에 바이오디젤을 2% 혼합하는 것이 허가되고, 2008년 1월 이후에는 2% 혼합이 의무화됨과 동시에 5% 혼합이 허가되었다. 2013년 이후에는 5% 혼합은 의무화될 예정이다.

2007년 12월까지 건설된 바이오디젤 제조공장은 51개이고, 이 신설공장 모두의 연간 제조능력은 276만 kL이다. 2% 혼합 의무화로 바이오디젤 수요량은 84만 kL, 5% 혼합 의무화가 실현된다면 210만 kL로 시산되고 있다.

브라질에서는 다종다양한 바이오디젤연료(콩, 해바라기, 피마자, 팜유 등)가 존재하지만 주로 원료가 되는 것은 콩으로, 브라질 국내 유량(油量)작물생산량의 약 90%를 차지하고 있다.

이제까지 바이오디젤에 대한 투자는 슬로베이스였지만 대두유 가격이 크게 오른 때에 비하면 많이 하락한 셈이므로 해외 투자가 늘어나고 있다. 브라질은 세계 주요 육식산업을 영위하고 있으므로 바이오디젤의 부산물(대두박 등)을 사료로 공급할 수 있는 이점도 있다.

제4장

브라질을 추월한 선두 주자 미국

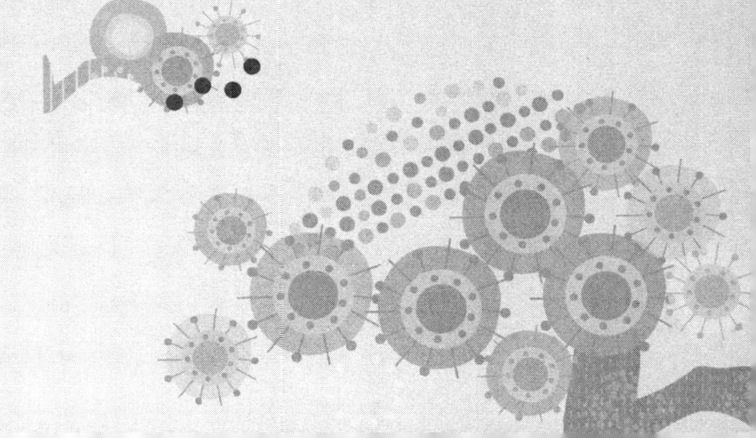

 세계 최대 바이오에탄올 생산국

미국의 옥수수를 이용한 바이오에탄올 생산은 2005년 무렵부터 정책 지원에 힘입어 비약적으로 증가했고, 오늘날에는 세계 생산량의 약 40%를 기록하는 세계 최대 바이오에탄올 생산국으로까지 성장했다.

늘어나는 에탄올 수요를 감당하기 위해 2008년도 예측값으로 약 1억 톤의 옥수수가 에탄올 생산에 사용되었다. 옥수수의 새로운 수요 개척(에탄올 생산) 결과 혼미를 거듭했던 옥수수 가격은 2008년 후반부터 일제히 상승하여 미국 중서부의 옥수수 재배농가(미국 에탄올공장의 약 40%는 농가 소유)의 경제성이 크게 개선되었다. 농무부는 2008년 미국 농가의 순소득액이 사상 최고액에 이를 것으로 예측했다. 현재 에탄올 이용에 있어서는 기본적으로 혼합하는 비율이 10% 이하에 머물러 있기 때문에 20%를 넘는 중간 정도의 혼합률과 고농도(E85)의 보급이 과제이지만 급유펌프 정비와 플렉스차 보급 지연 등이 제약요소가 되고 있다.

에탄올 주산지인 중서부의 콘 벨트지대는 다른 지역에 비하여 E10, E85를 이용할 수 있는 주유소가 정비되어 있으므로 미국의 바이오에탄올은 그 지방에서 생산하여 그 지방에서 소비하는 '지산지소(地産地消)'라고 할 수 있다. 가솔린의 주요 소비지는 중서부에서 멀리 떨어진 동서 해안(최대 소비지는 캘리포니아주)에 있기 때문에 수송방법이 과제이다. 이처럼 현재로서는 바이오에탄올 공급측면보다 이용(소비)면에 과제가 많다고 할 수 있다.

재생가능 연료기준(renewable fuels standard : RFS)에 따라 일정량의 바이오연료 이용을 의무화한 정책과 세제대책이 채용되고는 있지만 가솔린 소비량은 변함없이 높은 수준 그대로여서 브라질에서처럼 에탄올이 가솔린 대체 연료라는 수준에는 이르지 못하고 있다.

2007년의 에너지 공급상황 (문헌 8)을 보면 전체 에너지 공급량 중에서 가솔린이 40%로 가장 많고 다음이 천연가스 23%, 석탄 22%, 원자력 8%로 되어 있으며 재생가능 에너지는 불과 7%에 머물고 있다. 재생가능 에너지 중에서 바이오매스는 53% (옥수수를 사용한 에탄올을 포함), 수력발전이 36%를 기록하고 있다.

에너지 정보국 (energy information administration : EIA)에 의하면 2007년의 가솔린 소비량에 대한 에탄올 비율은 불과 5% (잠정값)였다.

미국에서는 바이오연료와 식재료의 경합문제를 비판하는 소리가 높다. 따라서 식재료를 사용하지 않는 제2세대 바이오연료 (주로 셀룰로오스계 원료를 사용한 바이오에탄올 생산)의 연구ㆍ기술개발을 정부가 자금지원하여 상업화함으로써 옥수수를 원료로 사용하는 식재료 갈등문제 해결과 온실효과 가스 (GHG)의 감축효과를 노리고 있다. 이것이 미국의 바이오연료정책의 근간인 것으로 보인다. 이 분야의 연구, 기술개발에 대한 지원은 고용대책의 하나이기도 하다.

따라서 현재로서는 옥수수를 이용한 에탄올 생산과 가솔린 사용을 직접적으로 억제하는 정책은 채용하지 않고 있다. 그러나 2007년에 성립된 새로운 RFS에는 옥수수를 사용한 에탄올 생산에서 제2세대의 바이오연료 생산을 위한 시프트계획이 포함되어 있다.

늘어나는 바이오연료 수요 중에서, 제2세대 바이오연료의 점유율을 확대하려고 하는 정책 전개 동향은 EU에서도 엿볼 수 있다. 제2세대 바이오연료의 상업생산이 언제부터 궤도에 오르고, 그 생산이 순조롭게 확대되느냐가 제1세대 바이오연료의 원료 (특히 곡물) 수급 균형에 큰 영향을 미칠 것이다.

표 4-1   **가솔린과 에탄올의 소비량**

연도 ＼ 단위	① 자동차용 가솔린(주 1)	② 연료용 에탄올	가솔린 (①-②)	에탄올/ 가솔린
	천 배럴	천 배럴	천 배럴	%
2000	3063390	39367	3024023	1.30
2001	3078849	41445	3037404	1.36
2002	3161472	49360	3112112	1.59
2003	3187498	67286	3120212	2.16
2004	3251881	84576	3167305	2.67
2005	3266108	96634	3169474	3.05
2006	3299367	130505	3168862	4.12
2007 (주 2)	3312851	163002	3149849	5.17

자료 : 에너지부 에너지정보국 (EIA)의 복수의 통계를 바탕으로 작성
주 1 : 가솔린에 혼합되어 있는 에탄올을 포함
주 2 : 잠정값

　미국의 경우 바이오연료라고 하면 옥수수를 원료로 하는 에탄올이 대표적이라 할 수 있지만 각 주와 지역에 따라 정책과 이용가능한 원료가 다소 차이가 있다. 이 때문에 원료 이용은 조금씩이기는 하지만 다양화하는 경향이 엿보인다.

　미국에서는 1850년대에 조명용 주요 연료로 에탄올이 이용되었다. 그러나 제1차 세계대전 중에 에탄올에 주세 (酒稅)가 부과되었기 때문에 다른 등유 등의 연료에 비해 경쟁력을 상실하여 1906년에 에탄올에 대한 주세 부과가 폐지될 때까지 에탄올 생산은 급감했다.

　그 후, 1908년에 미국의 포드모터사의 창립자인 헨리 포드가 에탄올과 가솔린의 혼합연료로도 달리는 T형 포드차 (Ford Model T)를 개발했다. 그러나 1919년에 에탄올은 주류 (酒類)로 취급되었기 때문에 에탄올의 연료 이용은 금지되었다 (가솔린과 혼합되는 경우에만 판매 허가).

그리고 1933년에 판매금지가 해제되어 에탄올은 다시 연료용으로 이용 가능하게 되었지만 제2차 세계대전 중에 원유 부족으로 일시적으로 수요가 늘어난 정도였다 (문헌 7).

미국에서도 1970년대 제1차 오일쇼크를 계기로 중동으로부터의 석유의존도 감소, 환경규제 강화 등을 배경으로 에탄올이 가솔린 첨가제로 허가되고, 그 후 각종 에탄올 생산을 촉진하기 위한 시책이 강구되었다.

한편, 오랜 세월 옥수수 가격 혼미로 고민하던 중 서부지방 농가가 중심이 되어 1970년 후반부터 옥수수를 원료로 하는 바이오에탄올 생산이 추진되었다. 도시지역에서는 인구 밀집으로 대기오염이 심각했기 때문에 1990년에 '대기정화법'이 개정되어 산소분을 함유한 가솔린 첨가제 (MTBE : 석유와 천연가스를 합성하여 생산되는 함산소제) 사용이 증가했다.

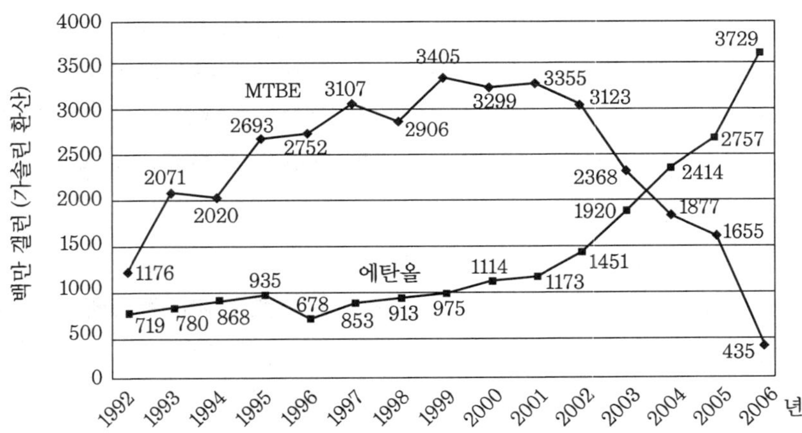

자료 : EIA (2007), Annual Energy Review, Table 10.4, www.eia.doe.gov/emeu/aer/ renew.html
주 : 데이터는 2008년 6월 30일 시점의 것. 2006년은 예비치

그림 4-1 MTBE와 에탄올 소비량 추이

 그러나 1999년에 캘리포니아주에서 급유탱크로부터 누출된 MTBE로 인한 수질오염 우려로 2002년말까지 MTBE의 사용을 금지하기로 일단 결하였으나, 그 후에 금지기간이 연장되어 2004년 1월 1일부터 금지하게 되었다. 이것이 발단이 되어 MTBE의 사용을 금지하는 주가 서서이 늘어났고 함산소제인 에탄올 수요가 MTBE의 대체 수요로 급증하여 2004년에는 에탄올 이용이 MTBE를 추월했다.

표 4-2 주요 에탄올 정책의 추이

연도	내용	법률
1977	가솔린에 혼합하는 함산소제로 바이오에탄올을 승인	대기정화법
1990	함산소연료 (MTBE/에탄올)의 최저 이용 (2.7%)을 의무화 (특정 지역에서 겨울동안)	대기정화법
2004 (1월)	캘리포니아주에서 MTBE의 금지를 결정. 1년 후에는 뉴욕과 코네티컷주도 금지	
2004	가소올에 대하여 51센트/갤런의 물품세 공제 (excise tax credit) (종전의 면세조치와 대체)	고용창설법
2005 (8월)	재생가능 연료기준 (RFS)을 40억 갤런 (2006년)에서 75억 갤런 (2012년)으로 확대	에너지정책법
2007 (1월)	부시 대통령의 일반교서 연설 : "Twenty in Ten" 10년간 가솔린 소비량을 20% 감축. 2017년까지는 재생가능 연료이용 의무 목표를 350억 갤런으로 설정할 필요성을 강조	
2007 (12월)	RFS를 90억 갤런 (2008년)에서 360억 갤런 (2022년)으로 대폭 확대. 선진형 바이오연료의 RFS를 설정	에너지 자립·안전보장법
2008 (6월)	51센트/갤런의 물품세 공제를 45센트로 삭감. 셀룰로오스계 에탄올 생산자의 소득세 공제 (101달러/갤런) 등을 도입	2008년 농업법 (식료·보전·에너지법)
2008 (10월)	국가 바이오연료 행동계획 발표	

표 4-3 에탄올에 관한 현행 주요 정책

항목	갤런당	적용기간
에탄올 혼합 가솔린의 물품세 공제 (대 블렌더)	51센트	2008년 12월말
	45센트	2009년 1월부터
셀룰로오스원료 바이오연료의 소득세 공제	1.01달러	
에탄올의 수입관세 (2차 세율)	54센트	2010년 12월말
소규모 에탄올 공장의 연방 가솔린세 공제	10센트	
E85 급유시설의 설치비용에 부과되는 소득세 공제 (30%)		
상업적 규모의 바이오연료 정제시설 건설 또는 개축하는 사업자에 대한 차입보증 (2009년도 7500만 달러, 2010년도 2억 4500만 달러)		
농장단계에서 재생가능 연료생산·이용시설을 도입하는 경우 보조·융자		

주 : 1갤런＝3.785리터로 환산. 소규모 에탄올 공장이란 연간 6000만 갤런 (23만 kL)을 넘지
않는 생산능력의 소규모 공장. 연간 공제대상 생산수량의 상한은 1500만 갤런 (6만 kL).
단 셀룰로오스 원료의 에탄올공장은 1500만 갤런의 상한규정 면제

2005년 8월에는 에너지정책법 (energy policy act of 2005)*이 채택
되어 재생가능 연료기준 (RFS)과 각종 지원책 (보조금, 세제 대책 등)
도입이 결정되었다.

그 후 당시의 부시대통령은 2007년 1월 23일 앞으로 10년간 (2017
년까지) 가솔린 소비량을 20% 감축한다는 'Twenty in Ten' 방침을 제
시하고, 구체적으로는 2017년까지 연간 350억 갤런의 재생가능연료
사용을 의무화함으로써 목표를 달성할 것이라고 했다.

미국의 바이오에탄올 정책 도입은 최초 에너지 문제 대응차원에서
출발하였고 그 후에 환경측면 또 농업적 측면의 효과를 목적으로 추
진되었다고 할 수 있다 (문헌 30).

농업측면의 효과란 바이오에탄올 생산·이용촉진책이 간접적으로

---

* 2005년의 에너지정책법에서는 2012년까지 연간 75억 갤런의 재생가능 연
료 사용을 의무화하는 내용이었으므로 2017년에 350억 갤런 (4배 이상으로
인상)이라는 양은 상당히 야심적인 목표이다.

에탄올공장 소유자인 동시에 이용자이기도 한 중서부지방 옥수수 재
배농가의 경영을 지원함으로써 가능하기 때문이다. 실제로, 1970년
무렵까지 옥수수 가격은 4.2달러, 생산액은 520억 달러 수준에 이르
렀다. 오늘날 미국의 바이오연료정책은 에너지 안전보장과 환경보호
측면에서보다는 농업개발 측면에서 큰 성과를 초래했다고 할 수 있
다. 이하, 그 정책내용을 살펴보기로 하겠다.

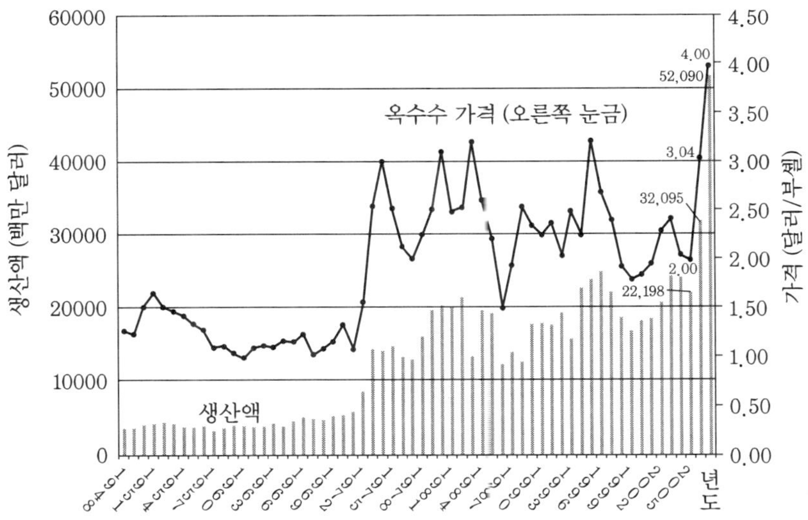

자료 : USDA NASS Quick Stas (기준일 : 2009년 1월 17일)

그림 4-2 옥수수 가격과 생산액 추이

 **연방정부에 의한 주요 정책**

미국의 바이오에탄올 진흥책*은 ㈎ 재생가능연료 기준에 따른 일
정 양의 바이오에탄올과 바이오디젤 등의 재생가능 연료 이용의 의무

---

* 미국의 바이오연료 정책에 관여하는 관청은 3곳이다. 에너지부는 석유의
　중동의존 감축을 위해, 환경부는 온실효과 가스 배출 감축을 위해, 농무부
　는 농업의 활성화를 위해 관여하고 있다.

화, ㈏ 세제대책과 지원금, ㈐ 주정부에 의한 지원책 (바이오연료 사용의 의무화, 지원금 등), ㈑ 연구 개발비 (특히 셀룰로오스계 연료 등을 이용한 선진형 바이오연료 개발지원)로 대별된다.

미국의 바이오연료정책과 관련되는 법률과 지원책 수를 AFDC (alternative fuels and advanced date center)가 조사한 바 있다. 그 조사에 의하면 2007년도에 바이오연료 제조공장, 연구개발 등에 지출된 지원금이 24, 바이오연료와 공장 등에 대한 세제면에서의 우대 조치가 27이어서, 이들 51건의 지원금과 세금 우대 조치가 전체 (68)의 4분의 3을 차지했다.

(1) 재생가능 연료기준

재생가능 연료기준 (renewable fuels standard : RFS)은 2005년 8월에 성립한 에너지정책법 제202조에 규정되어 있다. 바이오에탄올을 포함한 재생가능 연료 이용을 2006년의 40억 갤런 (1514만 kL)에서 2012년까지 75억 갤런 (2839만 kL)까지 확대할 것을 의무화했다. 이 것은 가격에 상관없이 에탄올을 강제적으로 이용하게 함으로써 에탄올을 증산시키려는 정책이다.

이용 의무 대상자는 하와이, 알래스카주를 제외한 48개주의 가솔린 정제업자, 블렌더 (에탄올만을 블렌드하는 자는 제외) 및 수입업자로, 1개년 9월을 기점으로 정해진 재생가능 연료의 최저 양을 사용할 의무가 있다. 구체적으로는, 각 사의 사용의무량 (RFS)은 연간 가솔린 제조량 또는 수입량에 전국 일률의 비율 (2008년은 7.76%, 2009년에는 10.21%)을 곱한 수량이며 매년 증가한다.

RFS와 원유값 상승으로 바이오에탄올 수요와 생산량이 급격하게 늘어나 2008~09년에는 2012~13년의 목표였던 75억 갤런에 이를 것으로 예측되었기 때문에 2007년 12월 19일에 에너지 자립 · 안전보장법 [energy independence and security act of 2006 (H.R.6) : EISA]이 발효되어, 2005년의 에너지정책법에서 정했던 RFS 수준을 대폭 인상했다.

새로운 RFS의 특징은, 단순이 바이오연료 이용 목표만을 인상한 것이 아니라 최근 옥수수를 원료로 하는 에탄올과 식량과의 경합문제까지 배려하여 일정 양의 '첨단형 바이오연료* (advanced biofuels)' 이용을 의무화한 점이다.

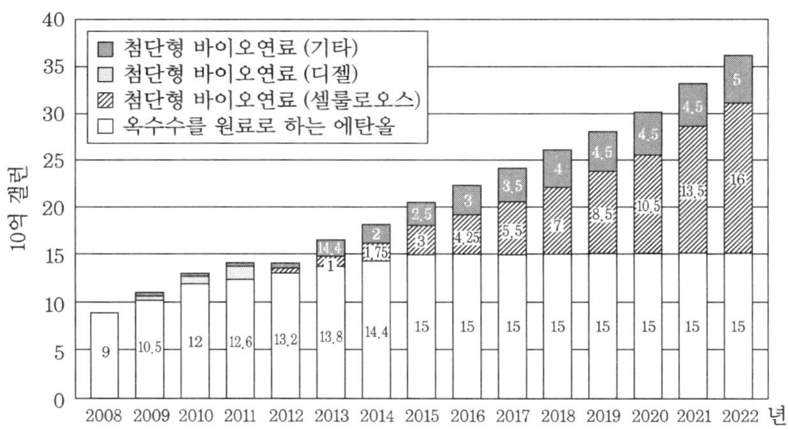

자료 : the energy independence and security act of 2007 (P.L. 110-140, H.R. 6)을
바탕으로 작성

그림 4-3 RFS (재생가능 연료 기준)

구체적으로는, 옥수수를 원료로 하는 바이오에탄올에 대해서는 2008년에 90억 갤런 (3407만 kL)으로 하고 서서히 확대하지만 2015～2022년간은 150억 갤런 (5678만 kL)으로 일정화했다.

---

* 미국이 말하는 "첨단형 바이오연료"란 ㈎ 옥수수 이외의 작물 (소맥, 솔감, 대맥, 라이맥, 오토맥 등), ㈏ 당질 원료 등 (사탕수수, 전체, 설탕, 버개스), ㈐ 셀룰로오스계 연료 [옥수수의 찌꺼기 (줄기, 잎) 곡물의 껍질, 겨, 짚, 목재 등], ㈑ 농업·식품 잔사, 목재 잔사 등으로 생산되는 바이오연료를 이른다. 즉 옥수수 이외의 원료로 생산되는 바이오연료를 지칭하는 셈이다.

한편 첨단형 에탄올은 2009년에는 6억 갤런 (227만 kL)으로 하되 서서히 확대하여 2022년에는 201억 갤런으로 늘려 최종년 (2022년)의 RFS는 합계 360억 갤런 (1억 3626만 kL)으로 했다. 360억 갤런 중에서 첨단형 바이오연료 (4분의 3이 셀룰로오스계 연료)의 비율은 약 60%로 되어 있다.

또 GHG (온실효과 가스)의 감축률도 규제하고 있는데 옥수수를 원료로 하는 에탄올에 대해서는 GHG의 감축률을 20%로 하고 첨단형 바이오연료는 50%, 셀룰로오스계 바이오연료는 60%로 규정하고 있다. 이 조치에 대해서는 미국이 최대 수출시장인 브라질의 고위 정부 관리가 우려를 표명하고 있다. 사탕수수를 원료로 하는 브라질의 에탄올은 첨단형 바이오연료를 분류되어 50%의 GHG 감축률이 부과되게 되었기 때문이다.

또 하나의 특징은 환경보호청 (environmental protection agency : EPA)이 주, 정유업자, 블렌더의 의견을 청취하고 퍼블릭 코멘트를 감안한 결과 RFS가 경제 또는 환경에 중대한 악영향을 미치거나 혹은 원료공급이 국내 수요를 충족시키지 못한다고 판단되었을 때는 RFS 의무가 면제 (waivers 조항 : 제202조)되는 규정이 포함되어 있는 점이다.*

---

* 2008년 4월 25일 패리 텍사스주 지사는 RFS는 축산업과 소비자들에게 나쁜 영향을 미친다고 하여 waivers를 요구했으나 EPA는 2008년 8월 7일 이를 기각했다.

참고

RFS의 실효성을 담보하는 제도

환경보호청 (EPA)은 바이오에탄올 이외의 바이오연료를 바이오에탄올량으로 에너지 환산하는 방법을 정하여 국내에서 유통되는 바이오연료에 재생가능 식별번호 (renewable identification number : RIN)를 부여하여 전자관리함과 동시에 RIN을 사용한 재생가능 연료의 크레디트 거래의 추진, RFS 대상 사업자의 시설등록, 기록관리와 보고를 의두화하고 있다.

크레디트 거래는 가솔린 제조업자와 수입업자에게 의무 달성상 유연성을 부여하기 위한 것이다. 에탄올 이용자는 의무량에 대응하는 RIN의 크레디트를 획득하면 의무를 달성한 것으로 간주된다. 즉 ㈎ 외부로부터 재생가능 연료 (RIN이 부수)를 구입함으로써 크레디트를 취득한다. ㈏ 단독으로 유통하는 RIN 크레디트를 구입한다. ㈐ 전년도의 이월 (의무량의 20%까지) RIN을 당해년의 의무량으로 카운트할 수 있는 방법이 인정되고 있다.

RIN의 제도에 대해서는 국내에서 생산 또는 수입된 재생가능 연료에 1갤런마다 34문자로 된 재생가능 식별번호 (RIN)를 부여한다. RIN은 4문자 (생산 또는 수입된 해)+4문자 (회사의 ID)+5문자 (시설의 ID)+5문자 [배치번호 (batch number)]+2문자 [EV (에너지 등량 : equivalerce value)를 표시하는 번호]+1문자 (에탄올이 셀룰로오스계인지 폐기물 원료인지를 표시하는 번호) 등으로 구성되어 있다.

RIN은 "갤런·RIN"으로 표기되고 "재생가능 연료의 수량×에너지 등량 (갤런당의 에너지 등량)으로 표시한다. 예를 들면, 옥수수로 생산되는 에탄올의 에너지 등량 (EV) 1, 바이오디젤은 1.5, 셀룰로오스계 에탄올은 2.5로 규정되어 있다.

RIN은 원칙적으로 재생가능 연료와 일체화하여 유통시켜야 하며, 재생가능 연료의 생산업자 및 수입업자로부터 등록되어 있는 타사에만 위양할 수 있다. 다시 말하면, 비등록자에게 재생가능 연료를 판매하여도 RIN은 위양하지 않는다. 또 의무대상자에게는 시설 등록, 기록관리와 보고, 연료의 트레스가 의무화되고 있다.

단, ㈎ 가솔린 정제자와 블렌더는 일단 재생가능 연료 또는 RIN을 취득한 후에는 단독으로 RIN을 판매하는 것이 가능하고, ㈏ 유통업자는 재생가능 연료를 판매할 때 RIN의 일정량을 변경하는 것이 가능하며, ㈐ 셀룰로오스계 에탄올은 2.5갤런-RIN 중에서 1.5갤런-RIN은 단독으로 유통이 용인되고 있다.

(2) 바이오에탄올의 물품세 공제

2004년에 제정된 고용창출법에는 에탄올을 가솔린에 혼합하는 업자에 대한 물품세 공제 (volumetric ethanol excise tax credit)제도가 포함되어 있다. 이 세무 공제제도는 에탄올과 가솔린의 가격 차를 보진하려는 것인데 수입에탄올도 세금공제 대상이 된다. 브라질산의 값싼 에탄올 수입이 급증하지 않도록 외국산 에탄올에 대해서는 다음에서 기술하는 추가 관세가 부과되고 있다.

순수한 에탄올 (E100) 1갤런에 대하여 51센트의 연방 가솔린세를 공제한다. 에탄올을 10% 혼합한 E10이면 1갤런당 5.1센트 공제된다.

공제액은 2008년 6월 18일에 발효된 2008년 농업법 [2008 식료 · 보전 · 에너지법 (food, conservation, and energy act of 2008)]에 의해 2009년부터는 45센트로 인하되었다 (2010년 말까지 적용).

(3) 셀룰로오스계 바이오연료의 소득세 공제

2008년 농업법에 따라 셀룰로오스계 바이오에탄올 생산자는 셀룰로오스계 바이오연료 (2009년부터 2012년말까지의 제조분)의 소득세가 1갤런당 1.01달러까지 공제된다 (cellulosic biofuels credit).

단, 재생가능 연료협회 (RFA) 예측에 의하면 2009년의 셀룰로오스계 원료로 제조되는 바이오에탄올의 경우 0.45달러 정도의 공제가 될 것으로 전망하고 있다.

이 소득세 공제는 소규모 에탄올 제조자에 대한 세제 우대조치 (small ethanol producer tax credit)의 대체제도가 아니고 1500만 갤런 상한규정도 적용되지 않으므로 셀룰로오스계 원료 이용자에게는 유리한 제도라고 할 수 있다.

(4) 수입관세

수입되는 바이오에탄올에는 2.5%의 관세가 부과되고 있다. 그러나 상술한 바와 같이 외국산 에탄올도 물품세 공제 (51센트/갤런)가 적용되므로 국민의 세금으로 외국산 에탄올 생산을 지원하는 모순을 없애기 위해 수입하는 에탄올에 대해서는 2.5%의 관세에다 54센트/갤런의 추가 관세가 부과되고 있다 (2010년 말까지).

단, 카리브해 연안국 원산품에 대해서는 CBI (caribean basin initiative : 카리브 여러 나라 개발 구상)에 따라 전년도 전미 (全美) 에탄올 소비량 (2006년에는 약 54억 갤런)의 7%까지는 무관세로 수입되는 특혜를 부여하고 있다 (2010년 9월 말까지). 2007년도의 주요 수입국은 자메이카 (7520만 갤런), 엘살바도르 (7330만 갤런), 트리니다드 토바고 (4270만 갤런)였으며 합계 2억 갤런 정도였다.

(5) 보조금과 융자

① 재생가능에너지 생산공장 건설 또는 개수에 대한 보조금과 융자

2002년의 농업법에서 도입한 제도로, 농업자와 지방의 소규모 사업자가 대상인데, 대상규모는 2500달러 이상의 사업이고 보조금 총액은 매년 2280만 달러로 4년간으로 규정하고 있다.

또 보조금에 관해서는 비용의 최대 25%까지 보전하며 신설의 경우는 상한 50만달러, 개축 등의 경우는 25만 달러가 상한으로 되어 있다. 한편, 융자의 경우는 비용의 50%까지 융자하며 상한은 1000만 달러로 규정하고 있다.

② 셀룰로오스계 바이오연료 생산에 대한 보조

셀룰로오스계 바이오연료 제조공장에 대하여는 2015년 8월 8일까지 갤런당 보조금을 지급.

③ 중정도의 에탄올 혼합 연료급유소 정비에 필요한 보조금

2008년의 농업법에서 도입. E10~E85의 중정도 에탄올 혼합 가솔린 급유소 정비에 필요한 경비를 보조.

④ 바이오매스 연구개발비 보조

바이오매스 연구·개발, 실증 프로젝트에 대한 보조 (2008년도 예산 1100만 달러). 2015년 말까지.

(6) 세제 우대조치

① 소규모 에탄올 제조자에 대한 세제 우대 조치

소규모공장 (연산 6000만 갤런 (23만 kL) 미만)에 대하여 연간 최대 1500만 갤런 (6만 kL) 생산분에 대하여 10센트/갤런의 소득세 면제 (=총액 연간 150만 달러). 2010년 말까지.

② E85 대응 급유소에 대한 세금 우대 조치

정비비용의 30%에 대하여 소득세를 공제 (최대 3만 달러). 2010년 말까지.

③ 셀룰로오스계 원료를 이용하는 에탄올 공장에 대한 시설투자의 특별 상각

셀룰로오스계 원료로부터 효소를 사용하여 에탄올을 생산하는 신설공장에 대하여는 초년도의 설비투자액 50%를 2012년 말까지 특별 상각.

(7) 기타

① 에탄올용 설탕에 대한 지원

전미 설탕연맹 등의 강력한 로비활동 결과 설탕의 적절한 수급균형을 확보하기 위해 2008년 농업법에 도입되었다.

농무부는 매년 7~8월경에 설탕의 추정 수요량과 수입량을 예측하여 농무부가 국산 당의 잉여분을 에탄올용으로 경매 입찰하여 에탄올 제조업자에게 매도하는 것 (제당업자쪽이 낮은 입찰가격을 제시하고 에탄올 제조업자쪽이 높은 응찰가를 제시하는 것이 낙찰의 기본이 된다).

② 국가 바이오연료 행동계획

부시정부가 제기한 10년 후의 가솔린 소비량 20% 감축목표에 부응하기 위한 것으로, 2022년까지 지속 가능한 바이오연료 생산을 증가시키기 위해 국가 바이오연료 행동계획 (national biofuels action plan, 2008년 10월)을 농무부 (USDA)와 에너지부 (DOE)가 작성했다. 이제까지 각 부, 청이 종적으로 집행해오던 각종 시책을 정부간 합동으로 진행하려는 데 목적이 있다.

구체적인 내용으로는, ㈎ 바이오연료의 지속가능성 기준 작성, ㈏ 원료생산에 관련되는 종합적인 연구 개발계획 작성, ㈐ 셀룰로오스 원료의 로지스틱 시스템 (원료회수)의 개발협력 촉진, ㈑ 셀룰로오스계 원료를 이용한 코스트가 낮은 바이오연료 생산기술에 필요한 연구 개발협력 추진, ㈒ 바이오연료의 유통 인프라 (에탄올 전용 파이프라인)의 실효성 연구, ㈓ E10을 넘는 중간혼합연료의 배기가스에의 영향, 자동차에 대한 적합성 평가, ㈔ 환경·건강·안전성 등을 포함하고 있다.

4·3 주정부에 의한 주요 정책

연방정부뿐만 아니라 주정부에 의한 각종 지원도 이루어지고 있다. 대표적인 것으로는 에탄올을 혼합한 가솔린 매출세의 에탄올 상당분 감세 등의 세금우대 조치, 바이오 에탄올 제조업자를 대상으로 하는 생산시설과 E85 관련 시설 건설비용에 대한 보조금 등을 포함하고 있다.

또 주에 따라서는 독자적으로 화석연료에 대한 바이오연료 혼합률을 정한 곳도 있다 (표 4-4 참조).

표 4-4 바이오에탄올 혼합을 의무화한 주

주	바이오연료의 종류	실시 (예정) 시기
미네소타	E10	1997년부터
	E20	2013년 8월부터
하와이	E10 [주]	2006년 4월부터
미주리	E10	2008년부터
아이오와	E10	2009년. 그 후 혼합률을 서서히 인상. 2020년 1월부터 E20
워싱턴	E2	2008년 12월부터
오리건	E10	에탄올생산량이 4000만 갤런에 이르렀을 때
몬태나	E10	에탄올생산량이 4000만 갤런에 이르렀을 때
루이지애나	E2	에탄올생산량이 5000만 갤런을 넘었을 때

자료 : US Department of Energy, Alternative Fuels and Advanced Vehicles Data Center 의 정보 및 RFA의 데이터 (2008년 5월 6일 갱신)를 기초로 작성
주 : 가솔린 유통량의 최저 85%를 E10으로 대체

(1) 미네소타주의 정책

미네소타주는 1997년부터 가솔린에 에탄올을 10% 혼합한 E10 이용을 의무화하였으나 2013년 8월부터는 혼합률을 인상하여 E20으로 하기로 결정했다.

E20 이용에 있어서는 환경보호청 (EPA)에 의한 환경기준을 감안한 승인이 필요하므로 현재 EPA와 공동으로 필요한 조사를 진행하고 있다. 바이오디젤에 대해서는 다른 주에 앞서 2005년 11월부터 2% 혼합을 의무화하고 있으며 B20과 B100을 주유할 수 있는 급유소도 정비되었다.

이 밖에 E85 대응의 급유소 정비비용 지원과 2000년 6월 30일까지의 생산개시 공장에 대해서는 갤런당 20센트 생산보조금을 지급해 왔다. 그 결과 E85 대응 급유소 수는 미국 각 주 중에서도 가장 많은 편이다.

(2) 캘리포니아주의 정책

캘리포니아주는 미국에서 가장 큰 가솔린 소비주이므로 환경에 대한 규제가 매우 엄격하여 대기오염 관점에서도 바이오연료 보급을 추진하고 있다. 따라서 이 주의 바이오에탄올 보급은 앞으로 RFS 달성의 관건이라 할 수 있다.

전술한 바와 같이 2004년에 가솔린 첨가제(함산소제)인 MTBE 사용이 금지되었기 때문에 가솔린과 마찬가지로 에탄올 역시 최대 소비주이다.

2007년 5월 주정부의 식량농업부(california department of food and agriculture : CDFA) 가와무라장관 회견에 의하면 캘리포니아주에서 사용되는 가솔린에 에탄올을 혼합하는 율은 의무적인 것은 아니지만 거의 전 지역에서 5.7%를 상한(질소산화물에 대한 규제가 없는 북부 일부 지역에서는 7.7%를 상한)으로 하고 있다. 현재 판매되고 있는 모든 가솔린에는 첨가제로 6% 정도의 에탄올이 혼합되어 있다.

2009년 12월 31일 이후에는 이 상한선을 10% 인상할 예정이며, 가솔린 판매회사는 10%까지 임의의 비율로 혼합하는 것이 가능하다.

주에 따라서는 바이오연료 이용을 의무화하는 경우가 있지만 캘리포니아주에서는 보조금이나 강제이용이 아니라 규제(regulation)와 목표(standard)로 바이오연료 보급책을 펴 왔다.

이러한 가운데서 2007년 1월 18일에는 세계 최초로 수송연료에 대한 저탄소기준(low carbon fuel standard for transportation fuels : LCFS)의 행정명령(order)에 지사가 서명했다.

LCFS*는 "2020년까지 동 주에서 판매되는 모든 일반 승용차 연료의 탄소함량률을 10% 감축할 것"을 목표로 하고 있으며, 이 결과 가솔린 소비량의 20%를 저탄소연료로 대체할 것으로 기대하고 있다.

LCFS는 온실효과 가스 배출량을 측정할 때 그 연료의 라이프 사이클 전체를 측정하도록 요구하고 있으며 이는 수송연료에 관한 세계 최초의 지구온난화 대책 기준이다.

캘리포니아주에서는 이제까지 30개 이상의 바이오매스 및 농업잔사(농산물을 수확한 후에 남은 찌꺼기, 삼림찌꺼기 등)를 이용한 에너지 프로젝트에 정부가 재정지원해 왔다. 농업인구는 고작 2%이지만 농산물 판매액은 미국 내에서도 제1위인 주로, 많은 수출상품(유제품, 포도, 야채, 아몬드 등)을 가지고 있다. 이 때문에 많은 양이 배출되는 농산물 찌꺼기 처리비용이 막대하게 소요된다. 게다가 인구의 대부분을 차지하는 도시주민이 배출하는 도시쓰레기의 재이용도 주로서는 중요한 과제가 되고 있다.

이처럼 캘리포니아주의 바이오연료 추진 목적, 이용원료, 대처 상황은 중서부와는 크게 다르다. 미국의 캘리포니아주와 하와이주의 사례는 바이오연료 생산을 추진하는 다른 나라에도 참고가 될 것으로 보인다.

4·4 에탄올의 생산구조와 생산 현황

(1) 에탄올공장의 형태

미국에서는 대규모공장은 소수이고, 2008년 1월 시점에서 농가소

---

* 2006년 9월 27일 캘리포니아주 지구온난화 대책법(california global warming solutions act)에 주지사가 서명하여 2020년까지 온실효과 가스 배출량을 1990년 수준까지 감축할 것을 추구해 왔다. LCFS는 이 법률에 기초한 것이다.

유의 소규모공장이 약 4% 정도이고 생산능력에서는 전체의 약 30%를 기록하고 있다. 소규모 에탄올 제조자에 대한 소득세 공제정책은 그 소유자인 옥수수농가의 경영안정책으로 이어지고 있다. 단, 수년 전부터 에탄올의 높은 수익률을 노린 투자 펀드로 대규모 에탄올공장 투자가 활발하게 이루어지고 있으며, 2007년부터 농가소유 공장과 생산능력은 감소세로 전환하고 있다.

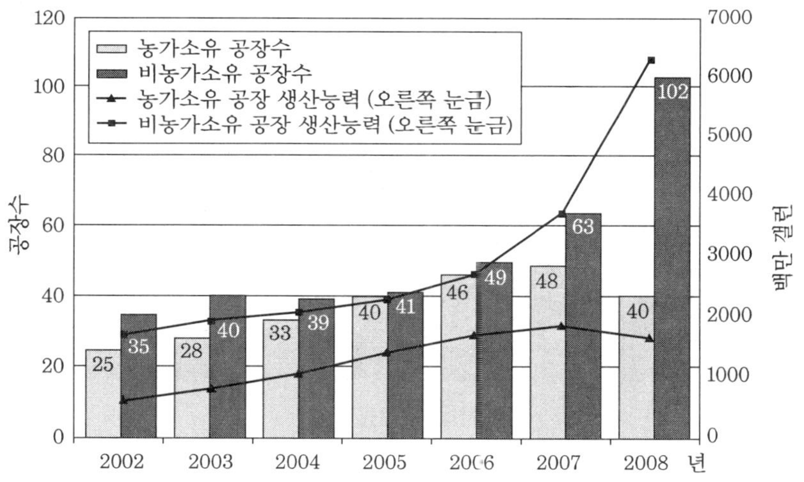

자료 : RFA
주 : 최근 RFA는 농가/비농가별 데이터를 발표하지 않고 있다.

그림 4-4 에탄올공장의 소유형태와 생산능력 추이

RFA (재생가능 연료협회)에 의하면 2009년 1월 시점의 에탄올 공장 수는 170곳이고 연간 생산능력은 105억 5594만 갤런 (3996만 kL)으로, 이 중에서 건설 중 또는 확장 중인 공장은 24곳, 생산능력은 20억 6600만 갤런 (782만 kL)이고, 이것들이 가동된다면 연간 생산능력은 약 126억 갤런 (약 4769만 kL)이 된다.

조사한 미네소타주 정부담당자에 의하건 농가가 에탄올공장에 투자한 이유로 ㈎ 투자의 담보가 되는 기본인프라와 자산 (토지, 기재 등)을 소유했던 점, ㈏ 왕성한 기업가정신, ㈐ 농가의 높은 기술력, ㈑ 풍부한 원료 (옥수수)를 들었다. 1980년 후반부터 90년대에는 투자자들이 에탄올 생산에 대한 투자에 엉거주춤한 상태였으나 1990년대 후반부터 옥수수가격이 떨어져 고심하던 농가는 위험은 있었지만 풍부한 옥수수를 활용하기 위해 에탄올 생산에 투자하기 시작했다.

에탄올 운반용 화차
화차는 생산자 등의 협동조직인 RPMG (재생가능제품유통그룹)가 소유하고 있다.

이처럼 1990년대에 들어 NGCs (new generation cooperatives)라 불리는 다각적인 수입원을 갖는 차세대 농협이 형성되기 시작했다. 에탄올 생산을 농가 주도로 도전한 결과 농촌지역 활성화로 이어졌다. 농가의 자조노력 이외의 요인으로는, 주정부에 의한 기술적 지원, 컨설팅 회사 (Fagen사가 대표적)의 존재를 들 수 있다. 이 컨설턴트 회사는 건설업도 겸업하고 있으며 공장건설에 있어서는 피저빌리티조사 (채산가능성 조사)를 하여 건설공사까지 청부하고 있다. 미네소타 주에서는 CVAC (chippewa valley agrafuels cooperative)라는 농가, 엘리베이터 (곡물저장시설) 소유자, 지역 투자가 등 650명 이상의 셰어홀더 (shareholders)로 구성되는 협동조합이 있어 1998년에는 재생

가능제품 유통그룹(remewable products marketing group : RPMG)을
설립했다. RPMG는 미국에서 4번째로 큰 에탄올 유통업자이고, 유일
한 농가 소유 조직이다. 현재 17개 메탄올공장에서 생산된 에탄올을
자기 소유의 화차 등으로 수송하고 있다.

(2) 에탄올 생산과 공장경영 동향

이제까지의 에탄올 생산 추이를 보면 FFS(재생가능 연료기준)에 의
한 강제적인 에탄올시장 창설과 보조금, 세제면의 우대조치 등으로
2000년에 비하여 약 4배 증가했고, 최근 3년간에는 매년 평균 약 10억
갤런으로 에탄올 생산이 급증하고 있다. 에탄올공장 분포도를 보면 알
수 있듯이, 중서부에서는 이미 공장이 집중화하여 2006년에 미네소타
주를 조사한 시점에서도 이미 원료 조달 경쟁이 일어나고 있었다.

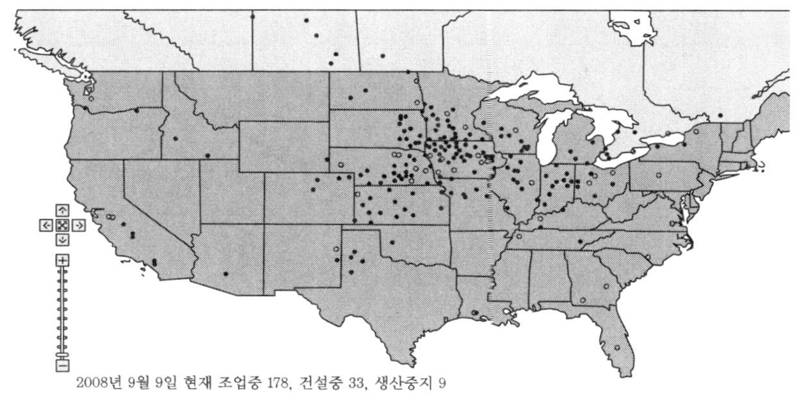

2008년 9월 9일 현재 조업중 178, 건설중 33, 생산중지 9

자료 : Ethanol Producer Magagine
주 : 엷은 ○표는 건설 중이거나 생산 중지된 공장

그림 4-5 **에탄올공장 분포도**

1부셸(bs : 1부셸의 옥수수는 25.4 kg)의 옥수수로 제조되는 에탄올
량을 2.8 갤런으로 치면 2009년 1월 시점에서 예상되는 미국 전체의

바이오에탄올 생산능력인 126억 갤런의 에탄올을 생산하기 위해 필
요한 옥수수는 약 45억 부셸(약 1.14억 톤)에 이른다.

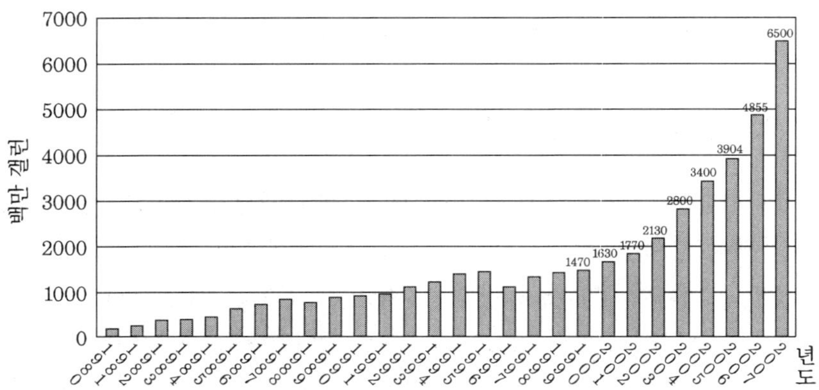

자료 : RFA

그림 4-6   에탄올의 생산량 추이

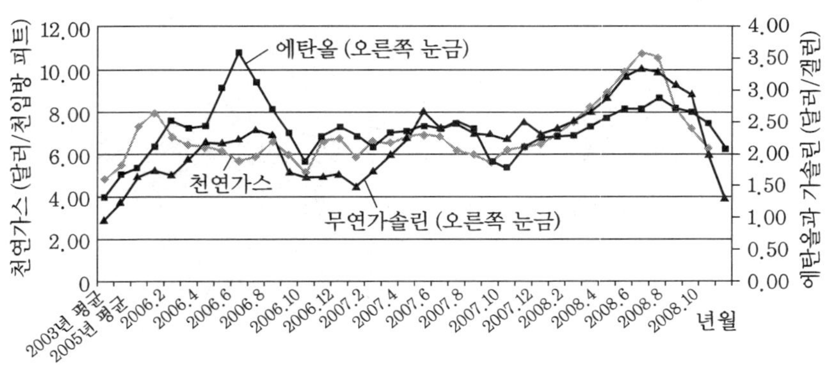

자료 : • 천연가스 : Wellhead Price, EIE, Natural Gas Monthly August 2008
         http://www.eia.doe.gov/oil_gas/natural_gas/data_publications/natural_gas_mo
         nthly/ngm.html
       • 에탄올과 무연가솔린 : FOB Omaha, Nebraska, Official Nebraska Government
         Website
         http://www.neo.ne.gov/statshtml/66.html

그림 4-7   에탄올공장 분포도

2008년 7월의 시카고 옥수수 (No.2) 가격은 2년 전의 가격에 비해 약 26배 폭등했다. 또 드라이밀 공장의 운전 코스트의 약 절반을 차지하는 연료 (천연가스) 가격도 2004년 평균가격과 2008년 6월 가격에 비하면 약 2배 상승했다. 한편, 에탄올 가격은 2005년 평균가격보다는 상승하였지만 2008년 8월의 가격은 1갤런당 2.75달러로, 1년 전 (2.45달러), 2년전 (2.72달러)과 큰 변동은 없다.

2005년 무렵부터 급속히 생산을 확대한 에탄올 산업계는 생산코스트의 주요 요소인 옥수수와 천연가스 가격의 상승, 에탄올 가격의 혼미, 공장건설 비용 상승 등으로 에탄올 공장 수익성이 악화되었다.

또한 2008년 9월 이후의 세계 경제위기로 에탄올공장의 자금회전이 급속히 악화되었다는 관측도 있다. 미국에서 에탄올 가격 등을 조사하고 있는 DTN사에 의하면 2008년 9월의 에탄올생산 평균순이익은 1년 전의 1갤런당 약 1.3달러에서 4분의 1 정도까지 떨어졌다. 또 2008년 11월 6일 시점에서는 가동공장수가 191, 건설 중인 공장수 48, 계획 중인 공장수 229였으나 폐업한 공장이 16, 생산을 하지 않고 정지 중인 공장이 37곳에 이르고 있다.

이런 와중에서 8개주에 16공장을 소유하며 전미 최대의 연간 14억 갤런의 에탄올을 생산하고 있는 (소비되는 옥수수의 5% 정도를 처리하는) 베라산 에너지사가 2008년 10월말에 회사 법정관리를 신청했다.

2009년 1월에는 아이오와 주립대학 연구원이 에탄올 생산에 소요되는 모든 코스트를 망라한 모델을 개발했다. 이것은 옥수수 가격과 에탄올 가격으로 에탄올 공장 수익성을 추정할 수 있는 것이다. 코스트로는 옥수수 재배 · 수송경비, 천연가스 · 전기 · 수도료 · 산소 · 효모비, 화학품비, 변성제비, 에탄올의 철도 · 트럭 수송비, 공장의 유지관리, 임금, 세금, 부채상환비, 감가상각비 등이 포함되어 있고, 수입으로는 에탄올, 곡물 증류박인 DG (distillers grains) 및 이산화탄소 판매액 등을 포함하고 있다.

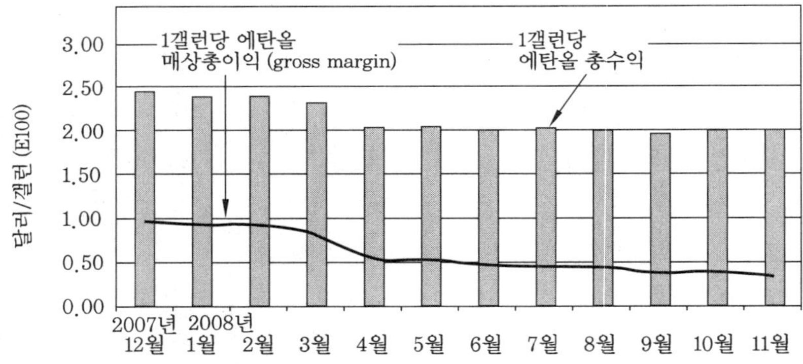

자료 : DTN
주 : 2008년 12월 9일 시점

그림 4-8 에탄올의 매상총이익 추이

과거 3년간은 에탄올가격이 비싸고 옥수수가격은 낮았던 관계로 많은 공장들이 그 동안 충분한 수익을 획득할 수 있어 자본부채를 조기에 상환할 수 있었다. 그러나 그 후 옥수수가격이 떨어지지 않는 상황에서 에탄올가격 하락으로 2009년 1월 시점에서 자본부채가 없는 공장은 매상고가 이익분기점이거나 에탄올 판매가격 1갤런당 수센트의 손실상황에 처한 것으로 분석되고 있다.

시나리오분석의 전제조건으로는 1억 갤런 생산 규모의 옥수수 이용 에탄올공장 (시공시기 2005년)에서 융자이용은 자본코스트의 60%, 차입자본의 상환조건은 금리 8%로 10년 상환이며 공장의 자본부채가 있는 경우와 없는 경우로 분석하고 있다 (표 4-5 참조).

- 자본부채가 없는 에탄올골장의 경우 현재 (2009년 1월) 에탄올 스폿가격이 대략 1.5달러인데, 1부셸당 옥수수가격이 3.75달러인 경우 에탄올 1갤런당 순이익은 마이너스 0.22달러, 이익분기점은 옥수수가격이 2.85달러일 때이다. 에탄올가격이 1.75달러로 회복되고 옥수수가격이 4달러 미만이면 약간의 순이익을 올릴 수 있다.

표 4-5 에탄올공장의 수익

(1) 자본부채가 없는 에탄올공장(1억 갤런 규모)의 순이익 (달러/갤런)

		에탄올가격 (달러/갤런)		
		1.50	1.75	2.00
옥수수 가격 (달러/부셸)	3.75	−0.22	0.03	0.25
	4.00	−0.28	−0.03	0.20
	4.25	−0.34	−0.09	0.14
	4.45	−0.40	−0.15	0.09

(2) 자본부채가 있는 에탄올공장(1억 갤런 규모)의 순이익 (달러/갤런)

		에탄올가격 (달러/갤런)		
		1.50	1.75	2.00
옥수수 가격 (달러/부셸)	3.75	−0.36	−0.11	0.12
	4.00	−0.42	−0.17	0.07
	4.25	−0.48	−0.23	0.02
	4.45	−0.54	−0.29	−0.04

자료 : lowa state university, Ethanol Profit Margins-January 2009을 바탕으로 작성

- 자본부채가 있는 경우 순이익을 낼 수 있는 조건은 더욱 어려워 진다. 에탄올가격이 1.5달러일 때 옥수수의 손익분기점 가격은 2.25달러가 된다. 이 조건에서는 에탄올가격이 2달러 정도까지 회복되지 않으면 순이익을 낼 수 없다.

참고

2009년 1월 현재, 아이오와주 공장에서의 에탄올 스폿가격은 1갤런당 1.45~1.6달러, 선물가격(2009년 7월 이후)은 1.72에서 1.79달러, 옥수수 가격은 1부셸(bs)당 3.77~3.97달러, 선물은 3월한으로 4.33달러, 7월한으로 4.33달러, 12월한으로는 4.56달러이다.

4·5 옥수수 증수배경과 수급

미국의 바이오에탄올 원료는 약 90%가 옥수수이다. 나머지는 그레인솔감(사료용 벼과 식물), 대맥, 치즈호에이(치즈제조 때에 생산되는 부산물) 등이다.

미국의 옥수수 산업은 이제까지 가축 사료용 수요 증가로 소비를 지탱하여 왔고, 해외 수출은 뒤처져 있는 경향이 계속되어 왔다. 그러나 2000년 이후는 에탄올 원료로서의 수요가 급속히 증가하여 2006~07년에는 드디어 수출물량을 넘어서고 2008~09년 예측으로는 약 30%가 에탄올 용으로 추계되었다(표 4-7).

옥수수는 대부분 중서부 지역에서 생산되고 있으며 많은 경우 대두, 소맥 등이 윤작되어 왔다. 최근에는 에탄올 수요가 늘어남에 따라 농가는 옥수수와 경합작물인 대두를 포함한 가격정보를 인터넷에서 검색하면서 무엇을 심을까 결정하는 경향이 있다. 그 결과 가격이 오른 옥수수를 여러 해 연작하는 농가가 늘어나고 있다 한다.

작물의 건전한 생육과 토양환경을 유지하는 관점에서는 다른 작물을 배합하여 심는 윤작이 바람직하다. 과거 윤작의 시험결과 옥수수 또는 대맥 다음에 소맥을 윤작하면 옥수수와 대두 수확량이 5% 상승했다고 한다. 한편, 옥수수를 연작하는 경우 대두를 후작하는 경우에 비해 수확량이 과거 8년간 평균 14% 감소했다는 보고도 있다(문헌 16).

생산농가는 바이오에탄올이라는 새로운 판로를 획득할 수 있었기 때문에 예전보다 비즈니스라이크로 변했으며 곡물 가격 동향에 따라 무엇을 심을 것인가를 판단하고, 코스트 절감과 노동력 감축에 대한 관심이 높아졌다. 이 때문에 종묘회사는 농가 수요에 맞추어 수익성이 높은 유전자 조작(genetic modified : GM) 품종 판매에 힘을 쏟고 있다.

콘 벨트 지대에서는 옛날부터 방제가 어려운 뿌리해충 대책이 과제였는데 이에 대해 저항성을 갖는 GM 품종이 개발된 것도 이러한 배경에서였다.

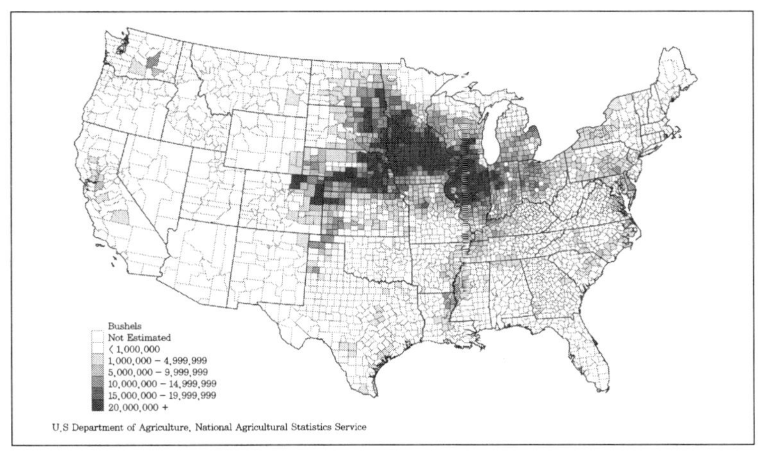

옥수수

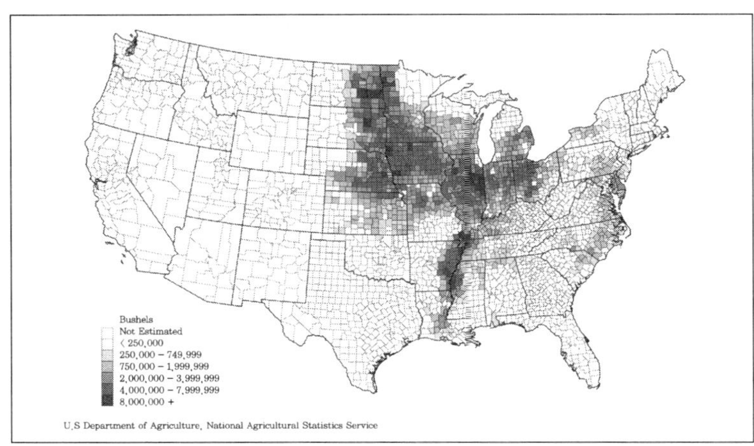

대두

자료 : USDA NASS, Charts and Maps

그림 4-9 **옥수수와 대두 재배지역 (2007년)**

2008년산 예측으로는 GM 품종 옥수수 비율은 80%를 차지할 정도로 확대되었다. GM 품종에는 3가지 종류가 있다. 해충 저항성 품종(콘월드웜 등에 저항성을 나타내는 품종), 제초제 저항성 품종(라운드업 레디 등), 최근 증가 경향에 있는 양자의 저한성을 겸비한 스태크 품종(stacked gene variety) 등인데, 이 중에서도 2008년산 품종으로는 스태크 품종이 50%를 기록할 정도로 크게 성장했다.

이처럼 GM 품종은 농약 살포나 제초 등의 노력 절감과 농약 등의 농자재비 절감, 병충해 발생지역에서의 수확량 향상과 안정 생산에 공헌하고 있다. 대두도 포함하여 GM 품종 종자는 수요(생산자)와 공급(종묘회사) 니드가 일치되고 있고, 그 이외의 종자는 구하기조차 어려워 가격이 치솟는 사태를 야기하고 있다.

표 4-6 옥수수의 GM (유전자 조작) 이용률

(단위 : %)

연도	옥수수				대두
	해충 저항성 (Bt)	제초제 저항성	스태크 품종 (Stacked Gene Var.)※	계	제초제 저항성
2000	18	6	1	25	54
2001	18	7	1	26	68
2002	22	9	2	34	75
2003	15	11	4	40	81
2004	27	13	5	45	85
2005	26	17	9	52	87
2006	25	21	15	61	89
2007	21	24	28	73	91
2008	17	23	40	80	92

자료 : US NASS Acreage, June 30, 2008 등의 연보를 기초로 작성
주 : ※는 복수의 유전자를 결합해 넣은 품종

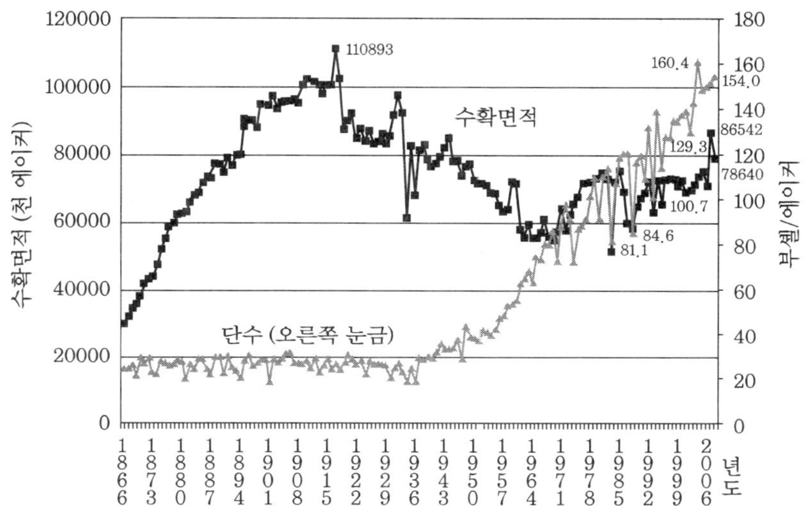

자료 : USDA NASS Quick Stas (2009년 1월 17일 기준)

그림 4-10 **옥수수 수확면적과 단수의 장기적 추이**

　　최근에는 노동생산성 향상과 인건비·연료비 등의 코스트 감축 관점에서 옥수수를 불경기 재배 (개량 블렌더와 효과적인 제초제 이용 등으로 땅을 갈지 않고 파종작업을 간소화하는 방법)이 늘어나고 있으며, 전미 (全美) 옥수수 생산자협회에 의하면 조사 대상 불경기 재배면적이 2006년에는 31.5%로 해마다 증가하고 있다고 한다.

　　옥수수의 과거 수확면적과 단수를 보면, 수확 면적은 1918년의 약 1억 1000만 에이커를 피크로 약 50년간에 걸쳐 감소해왔고, 그 후 6000만~7000만 에이커 전후로 추계되었다. 한편, 단수는 50년 전에 비해서 연도에 따라 다소 변동은 있었지만 약 4배나 증가했다.

　　옥수수의 단수 증가 요인은 2008년 12월에 발표된 바이오매스 연구개발 연구소 (biomass research and development institute)에 의한 바이오연료 원료에 관한 리포트에 정리되어 있다 (문헌 3). 그에 의하면 1980년 이전까지의 단수 증가요인은 1930대에 도입된 하이브리드 품종 및 화학비료, 제초제 등의 농업자재 투입량 증가와 밀식

(increase in plant population : 단위면적당 식부 그루 수 증가)이었지만 1980년 중반 이후에는 비료 투입량이 감소했음에도 불구하고 단수가 늘어나고 있다. 이 때문에 옥수수 품종의 유전적 요인이 크게 영향을 받고 또 이로 인해 밀식도를 높일 수 있었던 것이 요인이라고 정리하고 있다. 이제부터의 단수 증가는 바이오테크놀로지 (스태크 품종 등) 등으로 이미 실행되어온 연구개발 결과에 의해 달성될 것으로 보고 있다. 옥수수에 대해서는 이미 다양한 유전자원 수집이 이루어져, 그것을 이용한 한해 등 환경 스트레스에 강한 품종 육성의 실용화를 위해 진행되고 있다.

옥수수 생산량 증가는 미국 중서부에서는 새로 개척하여 작부면적을 확대하는 것이 어렵기 때문에 현실적으로 대두 등의 다른 작품을 접고 전작하거나 (옥수수와 대두 생산지역은 거의 같다) 옥수수의 연작, 밀식, 품종개량에 의한 단수 증가로 달성하는 것이 기본이 된다.

앞으로 에탄올 수요 증가 정도에 따라서는 토양보전유보계획 (CRP)*관리 아래 있는 토지의 개방도 그 가능성을 부인할 수 없다.

이처럼 옥수수의 증산이 전망되고 있지만 다른 한편 단수 향상을 위해 질소비료를 많이 시비함에 따라 하천을 오염시킬 가능성도 지적되고 있다.**

---

* CRP (conservation reserve program)는 토양유출 방지 및 야생동물 생식지 확보 등을 목적으로 농업부가 정부와 계약을 체결하여 일정기간 (10~15년) 특정 농지를 목초지나 임산지 등으로 전환 (휴경)함으로써 일정한 보조금 (토지임대료 지불과 영구적인 토양피복작물·수목 식수 등 토지 보전경비의 일부 보조)을 받는 제도이다. CRP는 환경보전정책의 일환으로 1985년 농업법에 따라 창설된 이래 사업규모를 확대시켜 왔으며 2008년 농업법으로 계약 상한면적이 3920만 에이커에서 3200만 에이커로 삭감되었다. 2009년 1월 31일 현재 CRP에는 3471만 에이커 (경작면적의 약 10%)의 농지가 등록되어 있으나 2009년 9월 30일에는 390만 에이커가 계약 만료된다.

** 멕시코만은 'dead zone'이라고 할 정도로 과거 최악의 상태에 처했으며, 루이지애나주와 텍사스주에서 많은 물고기가 죽었다. 원인은 질소 과다 (비료가 원인)와 강 (미시시피강 등)의 흐름으로 인한 것으로 추찰되고 있다 (Agra Informa, Informa Economics, 2008/7/17).

표 4-7 옥수수 수급표(1)

연도＼단위	기초 재고	생산량	수입량	총 공급량	식용· 에탄올· 공업용	중 에탄올용	에탄올용 비율
	100만 bs	100만 bs	100만 bs	100만 bs	100만 bs	100만 bs	%
2001/02	1899	9503	10	11412	2026	706	7.4
2002/03	1596	8967	14	10573	2320	996	11.1
2003/04	1087	10087	14	11183	2517	1168	11.6
2004/05	958	11806	11	12775	2666	1323	11.2
2005/06	2114	11112	9	13235	2962	1603	14.4
2006/07	1967	10531	12	12510	3467	2119	20.1
2007/08 (추계)	1304	13038	20	14362	4342	3026	23.2
2008/09 (예측)※	1624	12101	15	13740	4877	3600	29.7

자료 : USDA ERS Feed Grains Database에서 작성
주 : ※는 2009년 1월 12일 농무부 발표 수치. bs는 부셸

아이오와주립대학과 테네시주립대학 연구원에 의해 아이오와주(에탄올 최대 생산주)에서 생산된 옥수수의 판매선 상황 등이 약 5000명의 농가와 곡물 취급자에 대한 메일 앙케트조사로(회수율 30% 이상) 밝혀졌다(문헌 21).

과거의 같은 조사[Baumel et al(2001)에 의한 1999~2000년의 조사] 결과에 의하면 옥수수 생산자의 판매처르는 컨트리엘리베이터(곡물 취급업자)가 66%, 하천터미널이 14%, 가공용(에탄올용을 포함)이 13% 였으나 2006~07년 조사에서는 에탄올용만으로도 17%까지 증가했다. 한편 하천터미널은 14%에서 7%로 감소했다.

표 4-7 옥수수 수급표 (2)

사료용 등	종자용	국내수요량	수출용	수요 계 (a)	기말재고 (b)	재고율 (b/a)
100만 bs	100만 bs	100만 bs	100만 bs	100만 bs	100만 bs	%
5864	20	7910	1905	9815	1596	16.3
5563	20	7903	1588	9491	1087	11.4
5793	21	8330	1900	10230	958	9.4
6155	21	8842	1818	10661	2114	19.8
6152	20	9134	2134	11268	1967	17.5
5591	24	9081	2125	11207	1304	11.6
5938	22	10302	2436	12737	1624	12.8
5300	23	10200	1750	11950	1790	15.0

2006~07년에는 20.5억 부셸의 옥수수가 생산되었고 그 중 82%가 판매되었다. 컨트리엘리베이터는 약 11억 부셸의 옥수수를 인수하여 99%를 판매하였으므로 옥수수 생산자와 컨트리엘리베이터 경유로 배송되는 에탄올 공장용 수량은 5.69억 부셸이 된다. 이것은 생산·판매된 옥수수의 약 34%에 이른다.

또 이 조사에서는 에탄올 DDG (dried distillers grains : 건조 증류박), WDG (wet distillers grains : 미건조 증류박) 판매상황도 조사되었다. 그 조사에 의하면 에탄올에 관해서는 주내용이 7%, 주외용은 90% 이상, 해외용은 2% 이하, DDG에 대해서는 주내용이 29%, 주외용이 60%, 해외용이 10%, WDG는 보전성 문제로 주내의 피드로트 (feedlot : 많은 수의 소를 곡물을 먹여 가두어 키우는 대규모 농장)용이 대부분이었다.

앙케트 조사로, 구체적인 주외의 판매처에서 기재한 회답에 의하면 에탄올, DDG 모두 캘리포니아주로 대표되는 서부 지역 판매가 약 4분의 1 정도로 가장 높은 셰어였다.

DDG에 대해서는 텍사스주로 대표되는 남부평원이 서부에 이어 가장 많다. 이 경향은 가솔린 소비량이 미국에서 가장 많은 캘리포니아주의 존재와 양 지역 모두 낙농, 육우산업이 활발하다는 것을 판매처에 대한 조사결과로 알 수 있다.

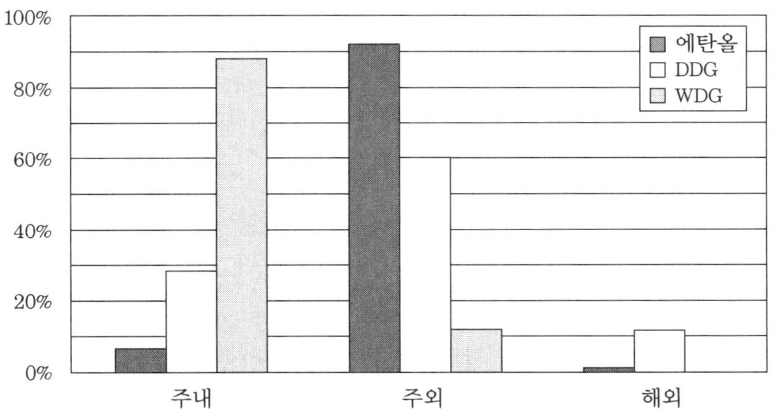

자료 : Tun-Hsiang Yu and Chad Hart (2009), Impact of Biofuel Industry Expansion on Grain Utilization and Distribution

그림 4-11 **아이오와주의 에탄올과 증루박 (DDG, WDG) 소비처**

4·6 에탄올 제조 · 생산방법과 주요 부산물

미국의 에탄올 제조방법에는 두 종류가 있다. 하나는 웨트밀 (wet mill) 방식이다. 이것은 원래 녹말을 만들기 위한 방법인데, 현재는 ADM사 등의 전통적인 스태치 메이커가 이 방법으로 에탄올을 제조하고 있으나 2007년 1월 기준, 미국의 생산능력 베이스로 18%의 세어밖에 없다. 이 방법은 옥수수를 아황산수에 담그어 스태치, 당화제품 (이성질화당 등), 가금 및 육돈의 사료용으로 사용되는 콘글루텐밀, 육우 및 젖소의 사료용으로 사용되는 콘글루텐피드, 그리고 콘유 등으로 분리하여 에탄올만을 발효 · 증류하는 것이다. 이처럼 에탄올은 다양한 녹말제품 등의 일부인 점이 특색이다.

다른 한편, 현재 주류인 것은 '드라이밀 (dry mill) 방식'으로 셰어는 82%이다. 이 방식은 공장을 건설하는 코스트가 싸기 때문에 RFA에 의하면 신설되는 공장은 모두 이 방식으로 제조한다고 한다. 구체적으로는, 옥수수의 씨눈을 제거하고 분쇄하여 물을 가해 효소를 첨가한 다음 발효·증류하여 에탄올을 제조하는 방법이다. 부산물은 한정적이며, 곡물 증류박인 DG를 건조하여 제조되는 DDG (건조 증류박)이나 증류잔사로 환원시킨 DDGS (dried distillers grains with solubles)가 기본이 된다. 또 이 공장의 열원으로는 대부분 천연가스가 사용되고 있다.

에탄올 생산용으로 사용되는 옥수수의 3분의 1이 DG, 콘글루텐, 콘글루텐밀 등의 부산물 생산에, 나머지 3분의 2가 에탄올과 이산화탄소로 사용되고 있다. 이론상으로는, 에탄올로 이용되는 옥수수 (건조물 베이스)의 약 30% 상당 중량의 DG가 생산된다.

또 웨트밀, 드라이밀 기법 모두 에탄올 제조과정에서 이산화탄소가 생산되며 일부는 탄산음료용으로 음료메이커에 판매되고 있다.

드라이밀 공장의 증가와 더불어 에탄올 부산물 시장에서 주류를 이루고 있는 것은 DDGS로, 고단백, 고섬유, 고지방이 특징이다. 단백질은 일반적인 옥수수 사료에 포함되는 양의 약 3배로, 주로 옥수수와 대두밀의 대체용으로 이용되고 있다. 일반적으로 사료 용도로는 육우용이 42%, 젖소용이 42%, 양돈용 11%, 양계용 5%라고 하지만 (문헌 19) 시험조건 등에 따라 데이터는 다르다.

RFA (재생가능 연료협회)에 의하면 에탄올 판매보다도 다량으로 생산되는 DDGS의 판매 개척이 중요하다고 하리만큼 DDGS 판매는 공장경영을 좌우할 정도의 주요 상품이 되었으며 캘리포니아주의 조사선 에탄올공장에서는 DDGS 수입은 공장수입 전체의 약 4분의 1에 육박했다.

DDG 생산량은 에탄올 생산 증가와 더불어 급증하고 있으며 2007년에는 1460만 톤의 생산량 (2000년 생산량의 약 5배)에 이르고 있다.

전미곡물협회가 DDGS 수출에 관여한 2002년 당시의 DDGS 수출량과 수출액은 각각 77만 톤, 7600만 달러였으나 2007년에는 210만 톤, 5억 달러로 늘어났다. 주요 수출선으로는 멕시코, 캐나다, EU, 대만이었으며, 앞으로 중국과 인도가 기다되고 있다(midwest shippers association).

표 4-8 옥수수 증류박(DDG) 생산량 추이

연도	생산량(백만 톤)
1999	2.3
2000	2.7
2001	3.1
2002	3.6
2003	5.8
2004	7.3
2005	9.0
2006	12.0
2007	14.6

자료 : RFA

RFA가 2008년 9월 25일 발표한 데이터에 의하면 에탄올공장 전체가 2007~08년에는 가축사료 2300만 톤에 상당한 증류박을 생산·배포했다. 이것은 약 10억 부셀의 옥수수 대체 수량에 상당하며, 옥수수 사료 수요량의 15%에 상당하다고 한다.

미국 농무부가 2008~09년의 에탄올용 옥수수량을 41억 부셀로 추계한 데 대해 RFA는 증류박 등의 에탄올 부산물이 사료로 이용되고 있는 점을 고려하면 옥수수의 순 에탄올 이용량은 29억 부셀에 이를 것이라고 주장하고 있다(농무부는 동의하지 않음).

이처럼 증류박은 가축사료용으로 유망시되지만 통일된 규격과 검사방법이 없고, 공장마다 공급원료와 제조관리의 차이로 품질이 고르지 못하다. 또 건조가 덜 된 증류곡물 [WDG (건조물 30%) 등]의 보존 기간은 7일 (여름철에는 3일)이므로 품질면과 보전성에 문제가 있으며, 리딘 등 주요한 필수아미노산이 결핍된 영양분상의 이유로 돼지나 가축에게 많이 공급할 수 없는 등의 문제가 있다.

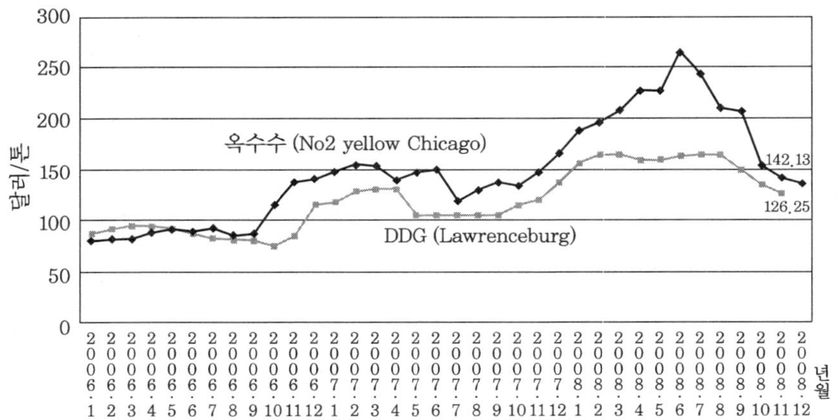

자료 : USDA, Feed Grains Database : Yearbook Tables 12 & 16 (January 15, 2009)

그림 4-12 **옥수수와 DDG의 가격**

또 옥수수와 DDG (건조 증류박)의 축종별 상이한 대체 비율과 DDG의 수출을 고려하면 평균하여 에탄올용 옥수수의 15~16% 상당이 DDG로 국내 사료수요로 대체된다는 계산도 있다 (문헌 20).*

최근 옥수수뿐만 아니라 DDG의 가격도 크게 떨어졌다. 이제까지는 옥수수에 비해 DDG 가격이 우위성이 있었지만 현재 수준으로까지 가격이 떨어지면 공장의 수익성에 나쁜 영향을 미칠 것으로 예상된다.

---

* 최근 아이오아주립대학 연구에 의하면 '차세대 DDGS'는 양돈용 사료에 최대 20% 배합이 가능하며, 사료코스트를 약 10% 절감할 수 있다고 한다 (F. O. Licht's World Ethanol & Biofuels Report, October 1 2008).

> 참고
>
> ### DDGS 사용 낙농가의 옥수수가격 상승에 대한 대응
>
> 캘리포니아주의 농업생산고 첫째를 기록하는 낙농은 젖소 단백질원으로 중요한 옥수수가 에탄올 수요와 경합하는 한편 부산물인 DDGS의 수요자이도 하는 등, 바이오에탄올산업과 밀접한 관계에 있다. 조사한 낙농가는 3000두 규모로, 1두 1 하루 평균 우유량이 39 kg, 연간 우유량이 11.8톤으로 캘리포니아주 연간 우유량 10톤에 비해 높고 생산된 우유는 모두 치즈용으로 판매되고 있다.
>
> DDG는 대두밀의 대체(단백질사료)로 이용되고 있으며 DDGS 25%, 대두밀 75%의 비율로 혼합하여 하루 최대 2.7~3.6 kg을 급여하고 있다.
>
> 이 농가가 이용하고 있는 DDGS는 특별 규격품으로, 단백질 함량 30%의 것으로 품질이 안정적이다. 구입가격은 US톤당 157달러(정가는 175달러/US톤)이며 일반적으로 DDGS에 비해 30%정도 비싸다(2007년 8월 조사 시).

 에탄올 산업과 농가경영에 대한 영향

옥수수를 원료로 하는 에탄올의 생산 증가로 옥수수 생산농가와 축산농가에는 정반대의 영향이 미치고 있다.

에탄올이 옥수수의 새로운 수요처로 확보된 결과 혼미를 거듭했던 옥수수 가격은 2008년 후반부터 일제히 상승함으로써 중서부의 옥수수 재배농가(미국 에탄올공장의 약 40%는 농가 소유)의 경제성은 크게 개선되었다. 농무부(2008년 8월 28일 발표)에 의하면 2008년 (예측값)의 농가 순소득액은 사상 최고로 957억 달러에 이르렀다. 1998년부터 2007년까지의 평균소득액이 611억 달러였으므로 57%나 증가한 것이 된다. 작물 수입액은 1897억 달러(1998년부터 2007년까지의 평균은 1090억 달러), 축산 수입액은 1461억 달러(1998년부터 2007년까지의 평균은 1100억 달러)로 작물(옥수수 등) 수입이 크게 늘어났다.

다른 한편, 농가에 대한 정부의 직접 지불액은 2007년에 119억 달러, 2008년(예측액)은 132억 달러로 모두 1998년부터 2007년까지의

평균액 147억 달러보다 지출액이 적었다.

일리노이주립대학의 홈페이지에 있는 farmgate (the livestock industriys reaction to higher feed price 2008/9/10)에 의하면 축산물 생산코스트의 60~70%는 사료대이고, 과거 2년 사이에 그 코스트는 40~60% 상승했다. 네브래스카주의 오마하에서는 2006년 1분기부터 2008년 7월에 걸쳐 옥수수 가격은 266% 수준이 되었다.

이 결과 육우산업에서는 피드로트의 사료 곡물 가격은 2006년 1파운드상 54센트였던 것이 2008년에는 74센트로 증가, 비육우 농가는 1두당 167달러의 손실 (1960년대 이후 최대 손실액), 1두당의 사료대도 2006년의 287달러에서 2008년에는 450달러에 근접할 것으로 예측되었다.

양돈업계에서는 2006년 4월부터 사료값이 75%나 상승하였으므로 2007년 10월부터 2008년 4월에 걸쳐 손실액이 확대되어 그 이전의 13개월간의 수익을 넘어서는 손실이 발생했다.

양계업에서는 생산코스트의 65%가 사료대이고 옥수수를 대체할 수 있는 사료가 한정되는 특색이 있다. 2007년 말부터 옥수수 가격이 35%나 증가함에 따라 생산코스트가 20%나 상승했다. 이 결과 유통량이 2% 감소했고 소매가격은 2% 올랐다.

사료가격 상승은 소고기, 가금, 돼지고기의 대형 판매체인인 타이슨·후즈 (아칸소주)의 2008년도 3/4분기 순이익을 전년도 동기 대비 92%나 감소시켰다. 사료 코스트의 영향으로 닭고기 부문의 적자가 영향을 미친 것으로 보인다.

또 가금 전문의 대형 파카 (식육을 처리 포장하여 시장에 배출하는 도매업자)인 푸르그뭄스 프라이드 (텍사스주)에서도 같은 기간 약 5000만 달러의 적자를 기록했다. 이는 사료 코스트가 지난해 같은 달에 비해 41%나 증가한 것이 원인인 것으로 보도되고 있다.

 ## 바이오연료에 대한 반대운동

사료가격의 상승으로 고통을 받는 미국의 축산단체는 과거 여러번 미국의 바이오연료정책에 대하여 반대운동을 전개해 왔다. 2007년 12월에 RFS (재생가능 연료기준)의 확대 움직임이 강세를 띠는 와중에 미국의 전국 육우 생산자, 우육협회 (NCBA)는 미국 상원이 12월 13일에 에너지법안을 가결한 것을 계기로 동년 12월 17일 이제까지와 마찬가지로 RFS 확대에 반대함과 동시에 의회에 대하여 에탄올산업에 정당한 시장경쟁을 촉구하도록 요구했다.

또 미국 식육협회 (AMI)는 2007년 12월 19일 부시 대통령이 에너지법안 (RFS의 확대를 포함)에 서명하였다는 소식을 듣자, 앞으로 보다 많은 옥수수가 가축사료용에서 바이오연료용으로 전환됨으로써 식품가격 인상이 예견되며 "우리는 에너지안전보장책을 지지하지만 식량안전보장과 새로운 에너지법의 이해하기 어려운 기준 설정을 맞바꾸어서는 안 된다"는 비판적인 견해를 피력했다.

그 후에도 축산단체와 식품단체의 연합 (미국 돈육 생산자 이사회, 미국 제빵 협회, 타이슨·후즈, 코카콜라 등)은 부시 대통령에게 에탄올 관세 철폐를 요청했다 (Informa Economics, 2008/7/3).

 ## 바이오에탄올의 유통과 소비의 과제

조사선인 미네소타주의 블렌더 (magellan midstream partners)에서는 에탄올이 철로 또는 탱크로리로 운반되어 탱크에 저장되고, 플랫폼에서 에탄올과 가솔린이 별도로 탱크로리로 반입되어 주행 중의 흔들림으로 혼합된다. 한편, 바이오디젤의 경우는 플랫폼에서 파이프로 혼합되어 탱크로리로 운송된다.

옥수수 산지, 에탄올 공장, 급유소 (가솔린 스탠드)의 위치관계상 일반적으로는 가솔린, 에탄올을 일단 블렌더 (혼합시설)에 모아 거기서 혼합하여 급유소로 수송되고 있다.

에탄올 생산지와 급유소 (소비지)의 거리상 가솔린과의 가격 경쟁력이 크게 다르다. 가솔린의 큰 소비지는 멀리 떨어진 동쪽과 서해안에 있기 때문에 에탄올 소비를 더욱 늘리기 위해서는 이들 대소비지에 어떻게 효율적으로 수송하느냐가 물질관리상의 과제와 함께 중요하다. 농무부의 리포트 (문헌 25)에 의하면 2005년에는 에탄올 수송수단의 60%가 철도, 30%가 트럭, 10%가 바지 (Barge)로 철도가 주된 수단이었다. 한편, 원료인 옥수수, 부산물인 DDG는 대부분 트럭 (86%)으로 수송되었다.

미국에서는 대충 말해서 에탄올 첨가제로 10% 이하 낮은 농도로 혼합한 연료와 85%의 고농도로 혼합한 연료가 판매되고 있다. 후자는 보통차가 아닌 플렉스차에만 이용되고 있다.

현시점에서는 미국의 바이오에탄올 수요량의 약 99%가 E10 등의 가솔린에 대한 첨가제 수요이고 E85는 불과 1% 정도이다. 가솔린에 대한 첨가제로 에탄올을 이용하고 있는 상황에서는 물품세 공제율도 낮아, 혼합연료의 대부분을 차지하는 가솔린 (원유) 가격 상승 영향은 브라질과는 반대로 에탄올 수요 증가에 제동을 걸어야 할 형편이다. 이와 같은 사실로 미루어 보아서는 E85 혹은 E20 등 중간정도의 혼합연료와 플렉스차가 얼마만큼 보급되느냐가 장차 미국 바이오에탄올산업 발전의 열쇠가 될 전망이다.

EIA*에 의하면 2006년까지의 플렉스차 보급대수는 약 600만대로 보급률 3% 정도에 불과하다. E85를 급유할 수 있는 급유소수는 에탄올차 연합회 (national ethanol vehicles coalition : NEVC)의 홈페이지에서 확인할 수 있다.

---

* EIA (에너지정보국)의 2006년 추정치에서 구했다. 즉 가솔린에 첨가되는 에탄올 수요는 37억 2916만 8000갤런 (가솔린 등량), E85 수요 (15%의 가솔린을 포함)는 4404만 1000갤런 (가솔린 등량)이다.

그에 의하면 전미 1880개소에서 E85가 급유 가능하다 (2008년 12월 9일 기준). 설치장소는 중서부에 집중되어 있으며 100개소 이상 설치되어 있는 주는 6개주 (미네소타주 356거소, 일리노이주 191개소, 위스콘신주 119개소, 인디애나주 116개소, 미주리주 114개소, 아이오와주 111개소)이고 가솔린을 가장 많이 소비하는 캘리포니아주에는 21개소에 불과하다.

이처럼 미국에서는 난해한 몇 가지 과제가 있다. 조사에 응한 미네소타주의 공장 간부에 의하면 에탄올 전용 파이프라인 건설을 검토는 하고 있으나 에탄올 토산지인 중서부와 대소비지인 북동부 및 서해안까지의 수송거리가 길어 현재와 같은 생산규모로는 경제적으로 어렵다. 파이프라인 건설의 손익분기점은 바이오에탄올 생산이 600억~1000억 갤런 수준이라는 견해를 피력했다.

에탄올 수송방법에 대해서는 브라질과 같은 파이프라인 건설계획의 진전은 볼 수 없고 당분간 현재 상태가 이어질 전망이다.

4·10 셀룰로오스계 바이오에탄올 지원과 채산성

미국정부는 옥수수를 원료로 하는 에탄올과 식료와의 경합문제를 제기하자 셀룰로오스계 원료 등을 이용한 '첨단형 (제2세대) 바이오연료' 생산에 정책의 주안점을 옮기고 있다.

먼저 2006년 10월에 농무부는 바이오연료의 공급원료 생산 및 제품 다양화에 관한 조사연구에 대하여 2006년도에 1280만 달러를, 또 에너지부는 바이오에너지 원료로서의 셀룰로오스계 원료 개발에 2006~08년에 걸쳐 470만 달러 (두 부처 합계 1750만 달러)를 제공한다고 발표했다.

이 자금지원을 시발점으로, 그 후에도 빈번하게 셀룰로오스계 등의 비식용 원료로 바이오연료를 효율적으로 생산하기 위한 민간기업, 대학, 국가 연구기관 등에 대한 자금지원이 발표되었다.

2007년 2월 28일에는 에너지부가 셀룰로오스계 원료를 이용하여 상업베이스의 생산을 노리는 6개 에탄올공장에 대하여 3억 8500만 달러의 자금을 지원(6개 공장측의 투자액은 총 12억 달러 이상으로, 2010년까지)한다는 것을 발표하고, 앞으로 최종 계획과 지원액을 결정하기 위한 교섭을 시작하기로 했다. 계획단계에서의 사용원료는 옥수수의 잔사(줄기, 잎, 속대). 보리짚, 목재 또는 식물잔사, 스위치그라스* (swithgrass) 등을 이용한다. 또 생산 예정수량은 1000만~4000만 갤런 정도이고 예상 가동시기는 2010~11년으로 잡고 있다.

셀룰로오스계 원료를 사용하여 일정 규모의 바이오에탄올 상업생산을 안정적으로 하고 있는 사례는 현재로서는 찾아볼 수 없다. 셀룰로오스계 원료 등 비식용 원료를 사용한 바이오연료 생산은 모두 아직은 실증수준이거나 시험단계에 있다(단, 캐나다의 오타와에 소재하는 Iogen사의 공장이 유일한 상업베이스의 공장이란 정보는 있다). 셀룰로오스계 원료, 특히 하드타이프는 그 처리기술(황산을 이용하여 셀룰로오스를 당으로 분해)과 회수비용문제가 그 원인이 되고 있다. 또 최근 연구에서는 옥수수와 비교하면 스위치그라스와 옥수수 줄기 등의 셀룰로오스계 원료에 의한 바이오에탄올 생산채산성은 낮은 것으로 나타났다(문헌 4). 사용하는 효소도 비용면에서 큰 과제가 되고 있다. 코스트 상승요인의 하나로 당분해 효소를 들 수 있다. 이 때문에 2008년 2월 26일 에너지부는 셀룰로오스 원료를 당으로 분해하는 효소시스템 개선에 관련되는 4개 프로젝트에 총 3380만 달러를 지원한다고 발표했다.

앞으로 상업베이스의 생산이 예정되어 있는 공장 중에서 Range Fuel사가 조지아주 소퍼튼(Soperton)에 건설 예정인 공장은 미국 최초의 대규모 셀룰로오스계 원료를 이용하는 공장이다.

---

* 미국 남부의 평원지대에서 목초로 이용되었던 벼과의 잡초(참억새와 비슷하다). 건조에 강하고 보통은 비료도 필요하지 않으나 단수를 높이기 위해서는 비료가 필요하다.

이 공장은 2009년까지 건설을 끝내고 첫해 (2009년)에는 1000만 갤런 정도 규모로 생산 예정이지만 그 후 1억 갤런을 넘는 규모로 생산할 예정이다. 이 공장은 에너지부가 2007년 2월에 지원을 밝힌 6개 프로젝트 중의 한 곳인데, 동년 11월 6일에 처음 공장 건설에 착공했다.

다른 한편, 마찬가지로 에너지부의 지원을 받은 Iogen사와 Alico사의 두 공장 건설은 2008년 6월에 중지되었다. 최근에는 가솔린가격 하락과 자금회전의 어려움이 더한 와중에서 이제 계획 중지나 지연은 흔한 일이 되어가고 있다. Davis Woodburn of ThinkEquity사의 리포트에 의하면 2010년의 셀룰로오스 · 에탄올의 RFS (재생가능 연료 기준)는 1억 갤런이지만 이 수준에는 크게 미치지 못하고 그 29% 수준 (2850만 갤런)이 될 것으로 예측하고 있다.[*]

미국과 후술하는 EU 모두 앞으로 바이오연료 생산계획에서는 셀룰로오스계 원료 등의 비식료용 원료에 대한 기대가 크다. 그러나 개발기술을 보편화하고, 국가적으로 일정 규모의 생업생산 수준으로 끌어올리기까지는 제1세대 원료에 비하여 원료의 재배방법, 회수비용, 에너지 변환기술 등 실용화의 과제가 많다. 그리고 상업생산이 보편화되기까지에는 상당한 시간이 소요될 것으로 예견된다.

표 4-9 첨단형 바이오연료 프로젝트에 대한 주요 조성 조치

관련부처	발표시기	조성내용	프로젝트수	지원액 (백만 달러)
DOE	2006.2.22	비식료 원료 이용공장 건설에 대한 보조	3	160 (40% 정부 부담)
DOE USDA	2006.10.11	연구개발 (셀룰로오스계 바이오매스 이용, 원료의 다양성 등)	17	17.5
DOE	2007.2.28	셀룰로오스계 원료 이용 공장에 대한 지원	6 (주 1)	385

[*] F.O. Licht's, World Ethanol Biofuels Report, December 17 2008

DOE	2007.3.27	영구개발 (셀룰로오스계 원료의 효율적인 변환기술, 바이오매스 이용, 원료의 다양성 등)	5	23
DOE	2007.5.1	소규모 셀룰로오스계 원료 이용 공장에 대한 보조 (주4)		200
DOE	2007.6.7	연구개발 (바이오연료의 연구개발)	11	8.3
DOE USDA	2007.6.11	연구개발 (셀룰로오스 원료의 변환기술, 원료의 다양성, 원료생산 등)		18
DOE	2007.6.26	연구개발 (바이오에너지 연구기관에 대한 보조)	3	375 (주 2)
DOE	2007.8.27	연구개발 (셀룰로오스계 원료 이용 바이오연료의 상업생산 지원·효소개발)	4 (주 3)	33.8
DOE USDA	2008.3.4	연구개발·실증 (바이오연료의 효율적인 생산)	21	18.4
DOE USDA	2008.7.31	연구개발 (셀룰로오스계 원료 이용 바이오연료의 기초연구)		10.0
DOE	2008.9.10	연구개발 (대학의 첨단형 바이오연료 생산연구)	6	4.4
DOE	2008.10.7	연구개발 (셀룰로오스계 원료의 열분해기술)	5	7
USDA	2008.11.19	상업베이스의 첨단형 바이오연료 공장의 신설. 개수비에 대한 융자		250 (1 프로젝트 상한)
DOE	2008.12.22	실증 단계의 첨단형 바이오연료 생산 보조		200

자료 : DOE, USDA의 프레스리리스에 의해 작성
주 1 : 6개 공장의 연간 총 에탄올 생산량은 1.3억 갤런 이상
주 2 : 2007년 10월 1일에 3000만 달러의 증자를 발표
주 3 : 2008년 2월 26일에 4개 프로젝트에 지원 예정이라고 발표
주 4 : 2008년 1월 29일에 4개 프로젝트 (최대 1억 1400만 달러), 또 동년 4월 18일에 프로젝트 (8600만 달러) 지원 예정이라고 발표

표 4-10 앞으로 가동 예정인 상업베이스 셀룰로오스 · 에탄올공장

회사명	장소	원료	생산능력 (백만 갤런)	비고
Range Fuels (주 1)	조지아주	목재잔사	120	
Gulf Coast Energy	앨라배마주	목재잔사 (주 2)	45	
Mascoma Corporation	미시간주	목재잔사	40	
POET Biorefinery	아이오와주	옥수수 속대 및 섬유	25	
BuleFire Ethanol Inc.	캘리포니아주	쓰레기, 목재잔사 등 다양	17	
Abengoa Bioenergy	캔자스주	옥수수 줄기, 잎, 밀짚 스위치그라스 등 다종류	11	
Xethanol Corp./ Southeast Biofuels	플로리다주	감귤류의 껍질	8	
Iogen Biorefinery Partners. Inc (주 3)	아이다호주	밀짚	18	계획 중지
Alico. Inc.	플로리다주	목재, 식물잔사 등 다양	14	계획 중지

자료 : 각 회사의 홈페이지 및 "Building Cellulose", "RFA Biorefinery Locations", "The Cellulosic Ethanol Site" 등
주 1 : 미국 최초의 상업베이스 셀룰로오스계 원료를 이용하는 에탄올 공장으로, 처음에는 연간 2000만 갤런 규모로 생산하되 1억 2000만 갤런 정도의 생산능력까지 확대할 예정
주 2 : 미국에서 최초로 가스화기술을 이용한 공장
주 3 : 캐나다의 오타와공장에서는 2004년부터 밀짚을 사용하여 에탄올을 생산. 2008년 9월에는 쉘사 (2002년부터 Iogen사에 투자)에 매도할 예정수량 약 4만 8000 갤런 중 2만 6000 갤런을 판매

4·11 각 주의 바이오연료정책

(1) 중서부의 미네소타주 사례

미네소타주의 옥수수 생산지는 중부에서 남부로 집중되어 있다. 미네소타주 북부는 산림지대이고 북서부는 사탕무 (첨채)와 소맥의 윤

작, 중부에서 남서부에 걸쳐서는 낙농지대이다.

이 주의 경작물 중에는 옥수수가 최대 수입액 (약 13억 달러)이고 생산량은 10억 부셸, 이 중의 20%가 에탄올 생산용, 50%가 수출용, 30%가 사료용이다.

옥수수를 생산하고 있는 농가는 대두와 윤작하고 있는 곳이 많았고, 옥수수와 대두 작부면적은 가격을 보고 농가가 결정하므로 두 작물은 경합관계에 있다.

에탄올용 생산이 증가하고 있음에도 불구하고 옥수수의 농가현장가격은 1.5달러/부셸 정도로 추정되고 있으며 1940년 이후 거의 변함이 없다. 에탄올용 옥수수가 증가함에 따라 가축사료용이 영향을 받을 것이라는 우려가 있지만 농가현장가격은 변화가 없고 오히려 떨어진 경향에 있다.

미네소타주는 수로로 중요한 위치에 있는 미시시피강이 겨울이면 결빙하여 수로수송이 불가능하게 되므로 시카고의 곡물시장 등과 비교하여 20~30% 정도 가격을 싸게 팔리는 경향이 있다. 이에 대하여 생산자는 수입을 늘리고 싶은 경향이 있고, 이것이 에탄올생산에 도전하는 큰 계기가 되었다.

① 에탄올공장 분포

미네소타주의 에탄올공장은 중부~남부의 옥수수 생산지에 집중되어 있다. RFA (재생가능연료협회)에 의하면 2008년 말 현재 16개 에탄올공장 (이 밖에 두 공장은 건설 중)이 가동하여 연간 약 7억 갤런 (약 270만 kL)의 에탄올 생산능력을 보유하고 있다.

② 조사선의 공장개요

두 곳의 새로운 공장을 조사하였는데 모두 농가소유의 협동조합 공장이었다. 같은 Fagan사가 건설한 공장이었기 때문에 생산라인 등의 시공방법은 거의 같았다. 따라서 공장개요는 부시밀 에탄올사의 공장만을 기재하겠다.

표 4-11 미네소타주의 바이오에탄올공장 개요 (2006년 8월 10일)

조업개시시간	2006년 1월
가동기간	연간 353일 (24시간 가동/2시간 시프트를 4명×4교대)
종업원	32명
제조방법	드라이밀방식
공장의 에너지원	천연가스
옥수수 이용량	• 1700만 부셸 (43만 톤)/1년 • 10%가 농가회원으로부터 매입 (4개월 평균가격으로 지불), 나머지는 스폿 매입 • 공장까지의 수송은 농가 부담
에탄올 생산량	4900만 갤런 (19만 kL)/년
에탄올 수송수단	철도와 트럭이 반반

주 : Bushmills Ethanol Inc. Atwater 공장

미네소타주의 협동조합방식
에탄올공장 (Granite Falls
Energy사)

미네소타주의 협동조합방식
에탄올공장 (Bushmills Ethanol
Atwater 공장)

당해 공장은 농가소유이지만 공장장 등의 간부는 코나구아사와 ADM사 출신이다. 3년 전부터 당지 (Atwater시)에 주목하였으나 당시에는 투자할 사람이 없어 고생했다. 현재는 신설공장이 많이 늘어나 공장건설은 3년은 기다려야 할 상태가 되었다. 공장이 증가함에 따라

원료인 옥수수 조달이 어렵게 되었지만 당해 공장은 2009년까지 계약이 되어 있어 (회원분) 원료 확보에 불안은 없다.

생산비 구성을 보면 약 35%가 원료비, 약 20%가 연료비, 인건비 등 기타 비용이 20% 미만으로, 에탄올을 제조한 지 얼마 되지 않았지만 이익이 약 30%로 높은 수준이다.

에탄올은 재생가능 제품 유통그룹 (RPMG)을 통하여 판매하고 있다. 또 에탄올 수송은 철도와 탱크로리가 반반이다. 철도수송은 화차의 수, 수송선이 한정되므로 에탄올 전용 파이프라인 건설 가능성을 검토하고 있으나 현재의 규모로는 채산성이 없고 석유업계의 반대도 예상된다는 것이다.

(2) 가솔린 최대 소비지인 캘리포니아주의 사례

① 에탄올 생산

RFA에 의하면 2008년말 시점에서 캘리포니아주 지역에서 조업하고 있는 에탄올공장은 5곳으로, 이 중 옥수수를 원료로 사용하는 공장이 3곳, 호에이 (치즈의 부산물)를 사용하는 공장이 1곳*으로 합계 약 1억 3000만 갤런 (약 50만 kL)의 생산능력을 보유하고 있다.

에탄올을 가장 많이 소비하는 캘리포니아주는 낙농이 번창하여 에탄올을 생산한 다음의 부산물인 증류박 (DG)을 사료로 이용하고 있다. 중서부의 축산농가에서는 건조한 DDG (건조 증류박)를 많이 이용한다. 캘리포니아주에서도 중서부에서 DDG를 구입하고 있는 농가도 있으나 높은 건조비용에다 높은 수송비까지 가산되어 가격이 비싸다.

그래서 중서부에서 옥수수를 수송하여 주내 공장에서 에탄올을 생산하고 그 부산물인 DG를 건조되지 않은 상태 [WDG (미건조 증류박). 수분은 70% 정도]로 낙농가에 배포하고 있는 사례도 볼 수 있다. 방문

---

* 호에이를 원료로 사용하는 공장은 이 밖에도 미네소타주에 1곳이 있다.

한 바이오에탄올 공장에 의하면 공장의 건조공정을 생략하면 약 30%
의 에너지를 절약할 수 있다고 했다.

　따라서 주정부에서는 주내 에탄올 생산량은 낙농가에 의한 WDG
사용량에 좌우된다고 보며, 부산물 이용한도량으로 미루어볼 때 4
억~5억 갤런이 상한인 것으로 추산된다.

② 바이오에탄올 공장의 개요

　캘리포니아주 소재의 어느 바이오에탄올 공장의 개요는 표 4-12와
같다. 이는 미국의 평균적인 공장에 비하면 규모는 약간 작지만 중서
부에서 철도로 수송한 옥수수를 원료로, 드라이밀방식으로 제조하고
있다.

표 4-12　**캘리포니아주의 바이오에탄올공장 개요 (2007년 8월 10일)**

조업 개시시기	2006년 11월. 다른 곳에 4개 공장이 있으며 2007년 1월 가동 예정
가동시간	24시간 가동
종업원수	38명 (12시간 2교대, 오퍼레이터는 상시 4명)
제조방식	드라이밀 방식
공장의 에너지원	천연가스
옥수수 이용량	• 3만 6000부셸 (914톤)/일 • 중서부농가로부터 계약 조달 (2007년부터 캘리포니아주로부터 조달) • 10일에 한 번, 110대의 화차로 수송
에탄올 생산량	440 kL/일, 15만 kL/년
기타	공장 배수는 회수하여 주로 발효공정에서 다시 이용

　캘리포니아주에서 바이오에탄올을 생산하는 이유로는 ㈎ 큰 소비
지에 가깝고, ㈏ 미국 전체에서 청정가스규제가 가장 엄격하여 장래
수요를 예견하며, ㈐ 주내 낙농가에 부산물을 WDG 상태로 출하할 수

있는 점을 들고 있다.

캘리포니아주가 생산하는 옥수수의 대부분은 옥수수 전체를 사일리지(발효사료)로 이용하였으나 앞으로는 에탄올용 옥수수(그레인용 : 곡식 알갱이를 이용) 생산이 증가할 것으로 보고 있다.

증류하여 얻은 에탄올은 에너지절약 무수화(無水化)기술의 하나인 molecular sieve 방식에 의해서 알코올 함량 99.8%까지 무수화하여, 비음료용으로 구별하기 위해 가솔린을 2~5% 첨가하여 각 사의 가솔린 터미널에 출하하고 있다. 특히 이 공장에서는 환경을 배려하여 수증기, 시럽, WDG에 포함되는 수분 이외는 폐수를 배출하지 않는 구조를 갖추고 있으며, 각 공정에서 회수한 물은 재이용시설에서 정화하여 발효과정에 재이용하고 있다.

공장에서는 최종 제품인 에탄올 판매 수입에다 부산물 수입도 적지 않아 총수입의 약 4분의 1을 기록하고 있다. 부산물로는 WDG, 시럽(syrup), 규산, 탄산가스가 있다. 이 중에서도 WDG와 시럽이 주된 수입원이며 US톤당 각각 40~45달러, 40달러 정도로 주로 낙농가에 판매하고 있다.

이 밖에 지하수 정제공정에서 얻는 규산은 시럽에 첨가하고 있고, 탄산가스에 대해서도 앞으로는 압축하여 음료메이커에 판매하는 방안 등을 검토하고 있다.

③ 원료 옥수수의 생산

캘리포니아주는 미국 전체로 보아서도 유수한 농업생산주인 한편 주의 총생산액 중에서 농업비율은 1% 정도, 농가인구도 2% 정도에 불과하고 도시와 농지가 접근해 있다. 그 때문에 도시 거주민 생활환경을 배려한 농업이 요구되고 있다. 즉 농업용수의 이용 제한과 흙먼지 방지를 위해 논두렁길 살수의무 등을 부과하고 있다.

이 주에서는 토지, 물, 노동력에 소요되는 비용이 높기 때문에 조건이 불리한 곳일지라도 적은 비용으로 생육할 수 있는 작물이나 비용이 소요되더라도 부가가치가 큰 농산물이 재배되고 있다. 주요 생산품으로는 유제품이 가장 많고 이어서 와인용을 포함한 포도, 묘목류, 아몬드 등이며 특히 아몬드는 가장 큰 수출농산품이다.

캘리포니아주의 옥수수 생산량은 발효사료용이 1002만 톤인 데 비해 그레인(grain)용은 48만 톤으로 대규모 낙농가의 사료곡물 수요를 감당할 수 없기 때문에 중서부 등 다른 주에서 많은 양을 수입하고 있다.

산호아킨 지역의 한 보급원에 의하면 옥수수가격이 톤당 150달러로 비싸기 때문에 동 지역의 2007년도 옥수수 작부면적은 2006년의 3만 3000 ha (그레인용이 1만 7300 ha, 발효사료용이 1만 5600 ha)에 비해 30%나 증가했다고 했다. 옥수수는 토양에서 영양분을 약탈하지 않고 질병도 덜하며 재배가 쉬운 작물이기 때문에 밀이나 토마토, 건조콩에서 전작하여 면적이 늘어나고 있다. 여름작물로 옥수수를 재배하고 겨울작물로는 사료용 보리, 밀 등을 윤작하고 있다.

캘리포니아주의 에탄올공장
(Pacific Ethanol사)

캘리포니아주의 비옥한 델타지대
옥수수 밀식모습 (2007년 8월)

방문한 Lodi 근교의 델타지역 옥수수농가에 의하면 작부때의 밭고랑 폭은 90 cm이고, 재배밀도는 이전의 6920그루/10a에서 8400그루/10a (약 3만 4000그루/에이커)로 밀식하여 증수를 노려왔다.

수확은 건조물 무게로 1010~1120 kg/10a이지만 새크라멘토의 북부 등 비옥한 지역에서는 물과 비료에 대한 투자가 소요되기는 하지만 1570~1680 kg/10a도 가능하다고 했다.

옥수수 판매가격은 지난 몇 해 사이 바이오에탄올로 인한 수요로 3년 전의 톤당 77달러에서 2007년에는 168달러로 2배 이상 상승했다. 방문한 농가에서는 이미 2009년 생산분까지 선물로 2007년에 124달러, 2008년에 138달러, 2009년에 145달러로 계약을 끝낸 처지였다.

④ 전력회사에 의한 대체연료 대책

캘리포니아주에는 약 30만대의 플렉스차가 보급되었으며 E85 대응의 주유소는 주내에 6개소에 불과하다. 그것도 일반 소비자가 이용할 수 있는 곳은 1개소뿐이고 나머지는 내부 관계자만 이용이 가능하다.

이용자가 제한되어 있는 이 5개소 중 한 곳은 새크라멘토에 있는 비영리 전력회사인 SMUD(sacramento municipal utility districts)가 소유하고 있다. SMUD에서는 주정부가 제시하는 대기오염규제 목표를 달성하기 위해 1991년부터 대체연료 이용을 추진하고 있다. 각 가정 등 고객의 전기사용량 확인과 전선 정비에 사용하는 차로 전기자동차, 하이브리드차, 프로판·가솔린차, 플렉스차, B20* (석유계 디젤연료에 바이오디젤을 20% 혼합한 연료) 대응의 대형트럭, 수소연료차 등 다양한 대체연료차를 소유하여 재생가능연료 계몽에 노력하고 있다.

SMUD는 자사가 소유하고 있는 54대의 플렉스차에 공급하기 위한 E85의 급유소도 소유하고 있다. 이전에는 E85 연료가 판매되지 않았기 때문에 100% 에탄올을 구입하여 자사에서 E75 상당으로 혼합하였으나 현재는 월 500갤런 정도의 E85를 구입하고 있다. E85의 사용량이 늘어났기 때문에 현재의 1000갤런 규모의 탱크를 5000갤런까지 확장하려는 의향을 가지고 있다.

가격면에서는 연방정부에 의해 E85에는 갤런당 51센트의 가솔린세

---

* B20의 B는 바이오디젤의 약자, 숫자는 바이오디젤의 혼합비율(%)을 이른다.

가 공제되기 때문에 가솔린차와 같은 정도의 가격이며, 플렉스차의 가격도 보조금을 고려할 때 보통차와 같은 정도이다.

유럽에서도 전력회사는 SMUD와 같은 대처 외에 재생가능에너지를 높은 가격으로 구입하고 있어, 재생가능에너지 보급측면에서 전력회사의 역할은 매우 큰 것으로 인식되고 있다.

SMUD 소유의 바이오디젤차
(2007년 8월)

SMUD 소유의 플렉스차

캘리포니아주의 대기오염 감축을 위해 전력회사가 적극적으로 친환경차 (플렉스차, 바이오디젤차, 수소연료차, 전기자동차)를 작업차로 이용함은 물론 보급활동도 펴나가고 있다.

SMUD 소유의 전기자동차

⑤ 바이오매스의 연구활동

캘리포니아주에서는 에너지위원회가 지원하는 자금을 바탕으로 PIER (public interest energy research)의 일부로 바이오매스 연구가 진행되고 있다. 구체적으로는, 전기료의 일부로 한 해 6000만 달러를 징수하여 에너지위원회를 통해 에너지절약기술과 재생가능연료를 연구하는 PIER을 지원하고 있다.

연구체제는 주의회가 승인한 멤버인 CBC (california biomass collaborative)를 중심으로, 산하에 주정부를 비롯 업계, 환경단체, 캘리포니아대학 (UC) 등의 연구기관의 참여로 구성되어 있다. 구체적인 연구사례로는 민간기업 (Chevron사)으로부터 지원을 받아 UC Davis교가 에탄올 발효과정, 리그닌 추출, 관련 정책의 분석, 환경·토양 보전 등에 과한 연구를 하고 있다.

UC Davis교의 연구원에 의하면 에탄올 원료로는 각각 그 지역조건에 맞는 원료를 개발하는 것이 상업베이스의 보급상 가장 중요하다고 한다.

캘리포니아주의 경우는 도시지역이 가깝고 토지와 물, 노동력에 들어가는 비용이 높기 때문에 증산과 신규 작부를 필요로 하지 않고, 현상태로서 볏짚 등의 농업폐기물과 공업용 사탕무를 에탄올 원료후보로 검토하고 있다. 이러한 원료를 사용하기 위해서는 기술면 과제뿐만 아니라 회수비용과 집하를 위한 노동력 문제 해결이 필요하다.

셀룰로오스계 원료에 관하여 CDFA (주정부)는 바이오에탄올 원료는 장래적으로는 옥수수에서 셀룰로오스계 원료로 대체될 것이라고 낙관적으로 보고 있다. 한편, UC Davis교에서는 셀룰로오스계 원료가 장래 기술적으로 이용 가능하게 될지라도 옥수수에 비해 코스트가 맞지 않을 (일정 규모의 상업생산은 어려울) 것이라는 의견이었다.

산호아킨군의 보급원에 의하면 캘리포니아주는 토지와 물값이 비싸기 때문에 땅이 척박하고 물이용이 한정적인 곳에서도 생산할 수 있는 작물 (바이오디젤의 경우라면 체종, 홍화)의 이용이 바람직하다고 했다. 특히 전국에서 주목을 받는 스위치그라스는 에너지 수지가 낮을 뿐만 아니라 캘리포니아주에서는 옥수수 등 다른 작물과 경합하므로 현시점에서 그 이용가능성은 낮다고 했다.

'미국의 바이오에탄올' 산업은 중서부의 옥수수를 원료로 하는 에탄올산업이 대표적이다. 그러나 캘리포니아주처럼 중서부의 에탄올

산업을 둘러싼 환경이 크게 다른 주에서는 원료를 옥수수로만 국한하지 않고 그 지역에서 현재 이용가능한 다양한 원료에 착안한 연구개발이 진행되고 있으며, 공장측에서도 DG를 건조하지 않는 WDG(미건조 증류박)같은 부산물의 생산 · 판매를 통한 코스트 절감노력을 하고 있다.

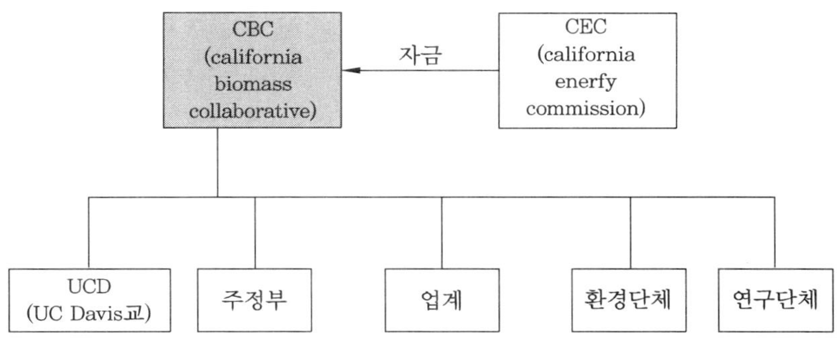

자료 : UC Davis교에서의 히어링을 바탕으로 작성
주 : CBC의 멤버 5명은 주지사가 임명, 임기는 5년

그림 4-13 **캘리포니아주의 바이오매스 연구체제**

(3) 감미료 자원원료가 가능한 하와이주의 사례

하와이주는 미국 본토에서 멀리 떨어져 있기 때문에 가솔린 가격이 미국에서 가장 높다. 또 관광산업이 주산업이기 때문에 환경규제가 매우 엄격하다. 그러나 이 섬의 경관을 뒷받침했던 사탕수수를 원료로 하는 제당회사는 2개사로까지 감소하고 말았다. 이런 환경에서, 제당업자인 Gay & Robinson사는 약 300 ha의 사탕수수밭을 소유하여 5만 톤의 사탕수수를 생산하고 있는데, Pacific West Energy LLC사와 제휴하여 Gay & Robinson Ag-Energy LLC사를 설립하여 바이오에탄올공장 및 바이오디젤공장 조업을 위해 준비하고 있다.

이 회사의 바이오에탄올공장은 2009년에 건설을 시작하여 같은 해안으로 조업할 예정이다. 에탄올 생산능력은 약 4만 5000 kL, 원료는 사탕수수를 사용하고 에탄올용으로 약 1600 ha를 새로 작부할 예정이다.

한편 바이오디젤공장은 2008년 내에 조업을 예정하고 있으며, 약 7만 6000 kL의 생산능력을 예상하고 있다. 원료로는 해조 (algae)가 ㈎ 생산성이 매우 높고, ㈏ 옥내에서 옥외에서나 생산이 가능하여 스페이스 및 노동력을 절감할 수 있으며, ㈐ 배양의 실패를 제외하면 장기간에 걸친 생산량 조달이 가능하고, ㈑ 배양과 수송에 걸리는 시간도 짧기 때문에 가장 유망시되어 2008년에는 테스트 생산을 예정하고 있다.

이 밖에도 건조에 강하고 모래땅이나 자갈밭, 염분을 포함한 토지에서도 재배가 가능한 자트로파 (jatropha)로 소규모로 이용하려고 하고 있다. 자트로파는 비료 등의 투입과 관리가 적어도 되고 성장이 빠른데다 Gay & Robinson사에서는 잎과 수피를 약품 등 바이오디젤 이외 사업에도 이용할 수 있다고 한다.

하와이주는 미국에서 유일하게 감미자원작물 (사탕수수, 사탕무)을 사용한 상업베이스의 에탄올 생산이 가능한 지역으로 기대되고 있다. 그 지원책으로 ㈎ 1갤런당 0.3달러의 생산투자세 공제 (8년간 유효, 연간 생산규모는 1500만 갤런, 최고 한도액은 3600만 달러), ㈏ 가소올 (에탄올 혼합 가솔린)에 부과되는 4%의 주세를 공제, ㈐ E10의 이용 의무화 등이 있다.

단, 주정부 담당자의 견해로는, 작물로 바이오연료를 생산하려면 태양발전보다 약 38배의 토지면적이 필요하며, 토지 제약이 큰 하와이주에서는 바이오연료는 선택지의 하나로 하고 있다. 여기에서도 주, 섬의 사정에 부합한 키높이에 맞는 바이오연료 생산이 시행되려 하고 있다.

4·12 앞으로의 에탄올 생산과 오바마 대통령의 기본 노선

미국의 바이오에탄올 공급력은 RFS (재생가능 연료기준) 등 각종 지원책으로 최고 몇 년 사이에 크게 향상되었다. 미국의 바이오연료정책에 대해서는 식료와 환경면에서 강한 비판이 있지만 바이오에탄올 정책을 중요한 국책 (에너지 안전보장, 환경대책, 농업대책)으로 시행한 결과 중서부지역 곡물농가의 경영과 지역경제상황을 호전시켰고, 정부에 의한 농가의 직접 지원액 등을 감축할 수 있었다.

이처럼 미국의 바이오연료정책은 현재 시점에서 평가할 때 농업측면에서는 과거 정책에 비해서도 성공한 사례라고 할 수 있다. 그럼 앞으로의 전망은 어떠할까.

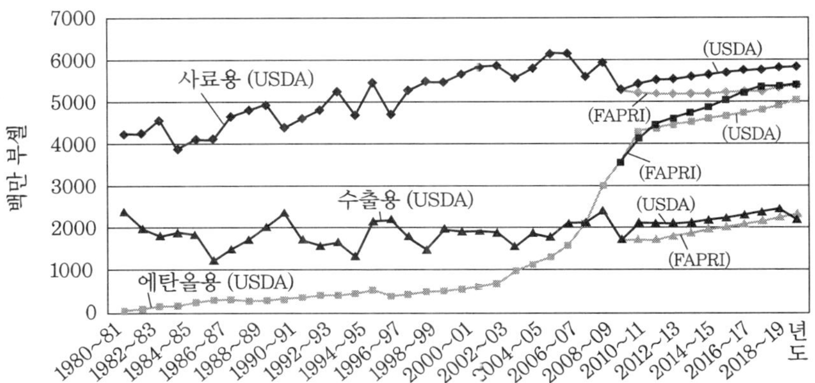

자료 : 2006~07년까지는 USDA (ERS), Feed Grains Database, 그 이후는 USDA, Agricultural Baseline Projection to 2018, February 2009, 이외에 FAPRI, US Briefing Book, March 2009를 참고로 작성

그림 4-14 **옥수수의 용도 예측**

미국 농무부 (USDA)와 FAPRI (food agricultural policy research institute : 식량농업정책연구소)는 2009년 2월부터 3월에 걸쳐 10년 후의 바이오연료와 그 원료인 옥수수 등의 이용전망을 발표했다.

에탄올용 옥수수 이용에 관해서는 두 기관 모두 증가기조가 계속될 것으로 보았으나 FAPRI측은 셀룰로오스계 에탄올 실용화의 지연으로 농무부보다 옥수수의 에탄올 이용량을 높게 예측하고 있으며, 2016~17년에는 에탄올용이 미국 국내의 사료용을 웃도는 수준이 될 것이라고 한다 (그림 4-14).

두 기관 모두 작부면적은 거의 보합상태로 예측하였으므로 옥수수 수급은 수확이 어떻게 추이되느냐에 달렸다. 수확은 앞으로 10년간 약 14% 늘어날 것으로 전망하고 있다. 과거 10년간의 트랜드를 바탕으로 단회귀분석하면 10년 후의 수확은 1에이커당 178부셸까지 증가할 것이지만 (그림 4-15), 이보다는 약간 낮은 수준의 수확 (약 175부셸)이 예측되고 있다.

수확은 과거 10년간에도 분명히 증가경향을 보였지만 날씨 등으로 인한 수확변동폭이 컸었다. 계속되는 비싼 비료가격의 영향도 받기 때문에 이처럼 과거의 트랜드에 가까운 형태로 앞으로도 순조롭게 수확이 계속 늘어날 것인지는 불투명하다.

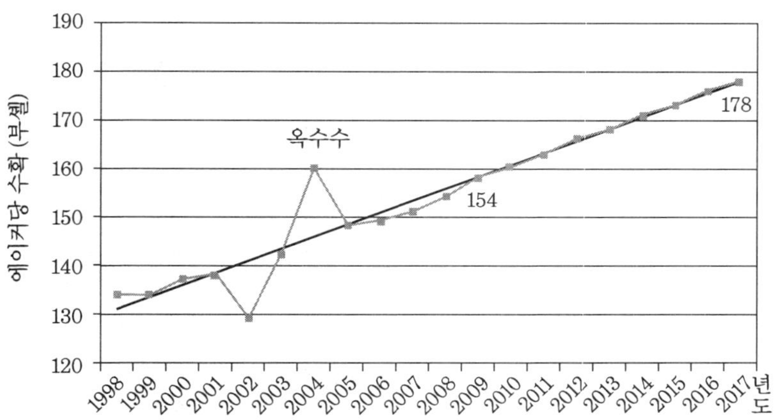

자료 : USDA의 단회수 데이터를 기초로 분석

그림 4-15 **옥수수의 수확 예측**

　이처럼 두 기관 모두 수확은 1에이커당 175부셸 정도로까지 상승하고 생산량은 146억 부셸 정도까지 확대되지만 에탄올용 수요는 생산량 증가를 능가하기 때문에 기말 재고는 11% 정도의 낮은 수준에 머물 것이라고 한다(표 4-13).

표 4-13　옥수수의 내수 예측

항목	단위	예측기관	2008~09년 (a)	2018~19년 (b)	(a)와 (b)의 차
작부면적	백만 에이커	USDA	86	91	5.2%
		FAPRI	86	91	5.9%
수확	bs/에이커	USDA	154	175	13.6%
		FAPRI	154	174	13.3%
생산량	백만 bs	USDA	12020	14580	21.3%
		FAPRI	12101	14618	20.8%
수입량	백만 bs	USDA	15	15	0.0%
		FAPRI	15	15	0.0%
국내사료용	백만 bs	USDA	5300	5850	10.4%
		FAPRI	5358	5401	0.8%
에탄올용	백만 bs	USDA	4000	5050	26.3%
		FAPRI	3518	5429	54.3%
수출용	백만 bs	USDA	1900	2225	17.1%
		FAPRI	1761	2374	34.8%
기말재고량	백만 bs	USDA	1124	1589	40.4%
		FAPRI	1782	1587	−10.9%
재고율	%	USDA	9.0	10.9	−
		FAPRI	14.9	10.8	−

자료 : USDA Agricultural Baseline Projection to 2018, February 2009와 FAPRI, US Baseline Briefing Book, March 2009를 바탕으로 작성

주 : bs는 부셸

농무부의 전망(작업기간은 2008년 10월에서 12월)은 국제적인 수급에 영향을 미치는 기상조건, 가축질병, 병충해 등이 동상적인 조건 아래서 2008년 농업법을 전제한 수치임을 유의할 필요가 있다. 또 2009년 가을부터 불어닥친 세계 경제위기의 영향에 대해서는 가까운 장래 2007~08년 사료가격의 폭등으로 큰 영향을 받은 축산업계를 포함하여 회복이 가능할 것으로 전망하고 있다.

FAPRI의 원료별 에탄올 생산전망 중에는 옥수수를 원료로 하는 에탄올 생산량은 2016~17년에는 RFS(재생가능 연료기준)에서 정한 150억 갤런에 이르지만 셀룰로오스계 에탄올은 RFS를 밑돌아 2018~19년에는 약 17억 갤런에 머문다고 한다. 다른 한편, 예측기간 중 (브라질로부터의) 에탄올 수입이 순조롭게 늘어나 최종년에는 약 25억 갤런까지 이를 것으로 보고 있다(그림 4-16).

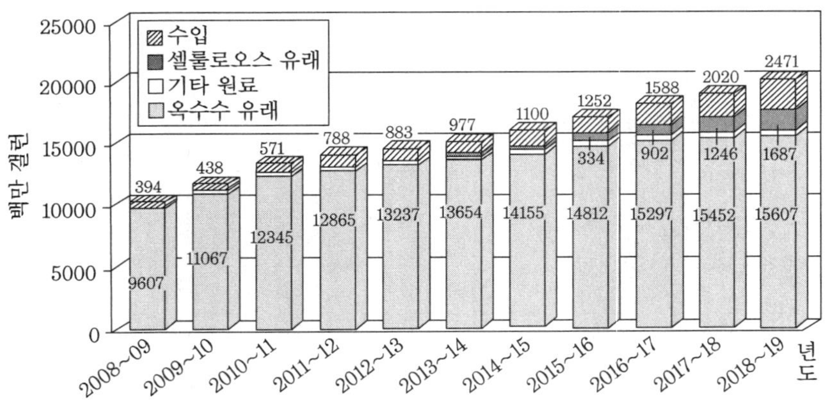

자료 : Food and Agricultural Policy Research Institute, US Baseline Briefing Book, Projections for Agricultural and Biofuel Markets, March 2009를 바탕으로 작성

그림 4-16 **옥수수의 수확 예측(단회귀분석)**

FAPRI의 예측도 마찬가지로 현행 정책 아래서의 예측이기 때문에 가령 에탄올에 대한 높은 관세가 철폐되기라도 한다면 수입 에탄올은 다시 급증하게 된다.

또 FAPRI에서는 최근의 에탄올공장 수익성 악화로 인한 단기적인 에탄올용 옥수수 수요의 축소폭은 농무부보다 크게 견적하고 있다. 옥수수의 사료용 수요에 대해서는 감소기조로 전환될 것이지만 에탄올 수요로 인해 생산이 늘어나는 DDG (건조 증류박)의 국내 수요는 확대되어 2018~19년에는 약 3500톤이 될 것으로 예측하고 있다. 따라서 FAPRI의 예측에서는 DDG의 국내 사료용 수요가 확대되기 때문에 사료용 옥수수 수요는 기간중 보합상태를 유지할 것으로 전망하고 있으며, 에탄올과 수출용은 농무부 예측보다는 수치로 되어 있는 것이 특징이다.

하지만 "2008년의 상황 급변"으로 장래가 불투명하게 되었다. 상황 급변이란, 거의 모든 관련품·서비스 (원료, 에탄올, 천연가스, 옥수수를 포함한 곡물, 해상운임 등)의 가격급락과 세계금융위기이다. 이 상황이 옥수수 등의 곡물수급에 어떠한 영향을 미치는가, 단기적인 영향에 끝나는가, 중기적인 영향을 미칠 것인가를 예측하기는 매우 어렵다.

정책지원을 예상하고 과잉 투자한 신규공장 경영은 어려움에 처했고 단기적으로는 공장이 문을 닫을 가능성이 있다. 그러나 공급과잉으로 알려졌던 에탄올공장의 난립상황으로 미루어본다면 공장 폐쇄와 RFS의 계속으로 앞으로도 에탄올 가격은 떨어질 것으로 예상된다. 옥수수 가격은 변함없이 투기펀드와 원유가격의 영향을 크게 받아 높은 변동성을 이어갈 전망이다.

2008년 12월에 발표한 EIA (에너지정보국)에 의한 에너지 예측에서는 "2022년의 360억 갤런 달성은 어렵고 300억 갤런" 정도에 이를 것으로 예측하고 있다 (단, 2030년까지는 360억 갤런의 목표는 달성). 옥수수를 원료로 하는 에탄올은 50억 갤런 정도에 머물고, 2030년에는 그 양이 약간 감소할 것이라고 한다. 그리고 2030년의 예측에서는 수입에탄올과 BTL (biomass to liquids : 바이오매스 액화연료) 수요가 크게 늘어날 것이라고 한다 (문헌 6).

오바마 대통령은 환경과 경제를 재생하는 '그린뉴딜정책'을 지향하고 있다. 구체적으로 ㈎ 앞으로 10년 동안 클린에너지산업을 위해 1500억 달러를 투자하여 500만 명의 고용을 창출한다. ㈏ 앞으로 10년 이내에 중동으로부터 수입하는 원유량 이상 석유 소비량을 줄인다. ㈐ 2012년까지 전력소비의 10%를 재생가능에너지로 전환하며 2025년까지는 그 비율을 25%까지 끌어올린다. ㈑ GMG (온실효과 가스) 배출량을 2050년까지 80% 감축한다. ㈒ 2015년까지 100만대의 플러그인 하이브리드차 (1갤런당 150마일까지의 연비)를 보급시킬 것을 담고 있다. 이 정책은 2009년 2월 성립을 목표로 한 총액 8250억 달러 (결국 7900억 달러로 합의) 규모의 '경기부양대책법안'의 일부 내용이다.

오바마 대통령은 2009년 1월 1일 라디오 인터넷 연설에서 경기대책의 핵심인 환경·에너지분야에 대해서는 "바이오연료, 태양광발전, 풍력발전 등의 재생가능에너지 생산능력을 앞으로 3년 동안에 배로 늘린다"는 방침을 표명했다.

다른 한편, 빌색 신임 농무장관은 2009년 1월 14일 오바마 정부의 우선과제로 지구온난화문제를 들고, 작물잔사와 스위치그라스 등의 작물로 생산되는 새로운 바이오연료 개발을 지원할 의사를 밝혔다.

빌색 농무장관은 구체적으로 "제2세대 바이오연료 (셀룰로오스계 원료 유래의 바이오에탄올 등)에 대한 시프트는 곡물유래의 바이오연료가 식료가격에 미치는 영향을 불식하는 데 매우 중요하다. 바이오연료는 옥수수 유래의 것만 있는 것이 아니라는 인식을 갖는 것이 중요하다"고 표명했다.

그 배경에는 농무장관이 표명한 바와 같이 바이오에탄올공장의 이윤폭이 매우 작아졌고 (very, very small) 앞으로 수년간은 극히 효율적인 제조관리가 요구된다. 유능한 제조자일지라도 이윤폭은 상당히 축소되어 바이오에탄올산업은 어려운 상황에 있다는 현상 평가가 깔려있다.

이제까지는 기본적으로 옥수수를 원료로 하는 에탄올 일변도로 달려온 미국의 바이오연료정책이 전력, 둥력을 포함한 재생가능에너지 전체의 생산을 확대하는 방향으로 틀을 잡았다. 이 기본방향은 EU가 2008년 12월에 합의한 수송부문에서의 재생가능에너지 (바이오연료분만은 아니다)의 이용비율을 10%로 의무화한 방향성과도 유사하다. 곡물을 이용한 바이오연료가 식료와 환경에 미치는 영향을 우려하는 소리가 높은 이때, 제2세대 바이오연료, 더 나아가서는 재생가능에너지 전체의 생산을 확대하는 쪽으로 방향을 틀었다고 할 수 있다.

바이오연료에 관해서 보면, 농무장관이 표명한 바와 같이 제2세대 바이오연료의 비중을 높이려고 하고 있지만 옥수수를 원료로 하는 에탄올 생산에 비하여 어느 정도 성장하게 될지는 미지수이다.

이러한 가운데, EIA (에너지정보국)는 2009년 2월 경제위기 여파로 폐쇄된 공장이 늘어 18억 갤런분의 에탄올 생산능력이 감소했다고 추론하면서 RFS (재생가능 연료기준)와 수요확대를 위한 업계의 대응으로 에탄올 생산 및 수요는 앞으로도 증가할 것이란 견해를 밝혔다.

제**5**장
EU권의 바이오연료 생산

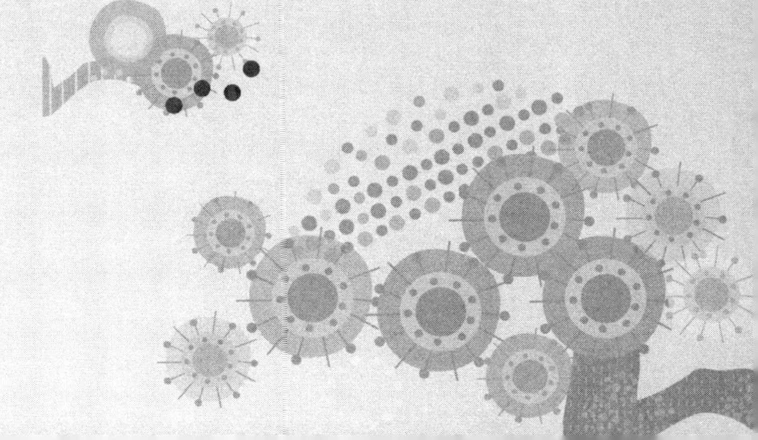

 바이오연료정책의 목적과 특징

EU는 교토의정서의 합의에 따라 온실효과 가스(greenhouse gas : GHG) 배출량을 2008~12년 사이에 1990년 대비 8% 감축하도록 되어 있다. 이 목표를 달성하기 위해서는 이산화탄소 배출의 큰 비중을 차지하는 수송분야의 감축이 관건인데, 유럽위원회 담당관에 의하면 "바이오연료는 수송분야의 GHG 배출감축을 가능하게 하는 유일한 연료"로 자리매김하고 있다.

실제로 바이오연료 생산진흥을 실천하기 위해 유럽위원회는 2003년에 수송용 바이오연료의 생산진흥에 관한 법적인 조치(바이오연료의 이용목표를 포함)를 마련했다. 하지만 바이오연료 생산진흥에 대한 구체적 행동은 각 가맹국마다 차이가 있어 목표를 밑도는 상황이다.

이 때문에 2007년 3월 유럽이사회에서는 가맹국으로 하여금 그 이용목표를 의무화하는 데 합의했다. 그 후 식료가격이 많이 올라 선진국의 바이오연료 생산과 정책에 대한 비판의 소리(OEDC와 세계은행 등)가 높은 가운데, EU의 바이오연료정책의 구체적인 내용에 관해서 2008년 12월에 가맹국간에 타협, 합의하기까지 격렬한 논쟁이 펼쳐졌다.

이밖에 정책면에서뿐만 아니라 EU의 바이오연료 수급실태도 매우 어지러운 상황에 있다. EU가맹국의 바이오연료정책 재검토(세제우대조치의 단계적인 철폐 등), 값싼 바이오연료(에탄올, 디젤)의 수입 증가 등 EU의 바이오연료 생산환경은 결코 낙관적인 상황이 아니다.

(1) 바이오연료정책의 목적

EU의 바이오연료정책의 목적은 ㈎ 온실효과 가스의 감축(환경면), ㈏ 에너지 안전보장(에너지면), ㈐ 농업·농촌개발(지역개발면)의 세가지로 집약된다. 그러나 목적의 비중은 가맹국에 따라 상이하다. 예컨대 바이오연료의 주요 생산국인 프랑스는 바이오연료생산을 통한 농업·농촌의 지속적인 발전에 주안점을 두고 있다.

EU의 바이오연료정책 특징으로는 환경정책의 일환으로 자리매김된 점, 구체적인 바이오연료지원책(보조금, 세제우대조치 등)이 각 가맹국의 재량에 맡겨진 점 등을 들 수 있다.

(2) 계획대로 진행되지 않는 바이오연료생산

수송분야의 바이오연료 생산진흥상, 기본이 되는 유럽위원회의 지령(directive)은 2003년에 공시된 '수송분야의 바이오연료 이용촉진을 위한 지령(2003/30/EC)'이었다. 이 지령에는 가맹 각국이 바이오연료 및 기타 재생가능연료의 시장도입량에 대하여 가늠이 될 국가목표(national indicative target. 목표일 뿐 의무는 아니다)를 설정할 것을 의무화하고, 수송용 연료의 바이오연료 이용목표 비율을 2005년말에는 2%, 2010년말에는 5.75%로 했다.

각 가맹국은 이 지령에 기초하여 2006년말까지 EU위원회에 바이오연료 이용진행상황을 보고하도록 했고, 그 보고결과 EU위원회는 2010년의 목표달성 가능성이 보이지 않는 경우에는 "구속력을 갖는 목표값 도입"을 포함한 추가 제안을 하기로 했다.

또 하나의 중요한 지령은, 마찬가지로 2003년에 공시된 에너지 제품 및 전력의 세제지령(2003/96/EC)인데, 이 지령에 바탕하여 가맹국은 바이오연료에 대한 우대세제조치 등의 지원책을 채용할 수 있게 되었다.

그 후 2005년 12월에 개최된 유럽환경회의에서는 EU의 현재 바이오연료정책 방향성에 관한 중요사항이 논의되었다. 즉 ㈎ 유럽의 바이오연료시장 확대로 개발도상국의 자연환경을 파괴하지 말 것(수입 바이오연료에 대해서도 EU와 동등한 지속가능성 기준(후술)을 충족할 것), ㈏ 정부의 바이오연료에 대한 지원책은 "씨에서부터 연료탱크까지" 전체로 이산화탄소를 감축하는 시스템으로 할 것(바이오연료 수송에 관련된 이산화탄소 배출량, 물, 대기오염 등도 고려), ㈐ 바이오매스는 우선적으로 식료와 가축사료로 사용하고 다음에 건축과 공업품에 사용하며 최후에 바이오에너지나 식료와 경합하지 않는 제2세대 바이오연료로 사용할 것 등이다.

표 5-1　**주요 EU가맹국의 바이오연료 이용목표와 실적**

[단위 : % (열량환산비)]

국가	2005년		2008년 (목표)	2009년 (목표)	2010년 (목표)
	(목표)	(실적)			
독일	2.00	3.75	5.25	5.25	6.25
스웨덴	3.00	2.23	–	–	5.75
오스트리아	2.50	0.93	5.75	5.75	5.75
프랑스	2.00	0.91	5.75	6.25	7.00
리투아니아	2.00	0.72	–	–	5.75
말타	0.30	0.52	n.a.	n.a.	n.a.
이탈리아	1.00	0.51	2.00	3.00	2.50
폴란드	0.50	0.48	–	4.60	5.75
스페인	2.00	0.44	1.90	3.40	5.83
슬로베니아	0.65	0.35	3.00	4.00	5.00
라트비아	2.00	0.33	4.25	5.00	5.75
영국 (주)	0.19	0.18	2.50	3.00	3.50

자료 : 유럽위원회 및 미국 농무부
주 : 영국의 %는 중량비

　　2006년 말까지 제출된 가맹국의 바이오연료 이용상황에 관한 보고를 받은 유럽위원회는 2007년 1월에 바이오연료에 관한 프로그레스 리포트(biofuels progress report)를 작성했다.

그 리포트에서 "EU는 현재의 정책을 계속하는 한 2010년의 바이오연료 시장 셰어는 4.2%에 머물러 목표인 5.75%는 달성되기 어렵다"는 결론을 내렸다. 가맹국의 2005년도 바이오연료 이용률은 독일과 스웨덴을 제외하고는 저조하여 평균 1%였다.

표 5-2 EU의 바이오연료 이용목표 (열량환산비)와 달성 상황

연도	2003	2004	2005	2006	2007	2008	2009	2010
이용목표 (%)	–	–	2.00	2.75	3.50	4.25	5.00	5.75
달성 성과 (%)	0.50	0.70	1.00	1.90	2.60			

자료 : EurObserv'ER

각 가맹국의 바이오연료 이용이 저조했다는 보고를 받은 유럽이사회는 2007년 3월, 다음 사항들을 2020년까지 실시할 것을 승인했다.

- 1990년을 기준으로 GHG 배출량을 30% 감축하고 (다른 선진국이 동등한 배출 감축을 약속하고 또한 신흥경제국이 적절한 공헌을 한다는 조건부), 다른 나라가 국제기후변동교섭에서 위의 조건을 거부하는 경우에도 EU 단독으로 GHG 배출량을 최저 20% 감축한다.
- 제1차 에너지 이용 중에서 재생가능에너지 이용비율을 최저 20%로 한다.
- 수송분야의 가솔린과 디젤 총소비량 중 바이오연료 이용비율을 최저 10%로 한다.
- 에너지 효율의 향상으로 에너지 소비량을 BAU (buisiness as usual : 지구온난화 대책을 시행하지 않는 경우의 배출량) 수준에서 20% 감축한다.

수송연료분야의 "10% 혼합 의무화" 달성 성과는 ㈎ 바이오연료생산의 지속가능성 (sustainability), ㈏ 식료와 경합하지 않는 제2세대

연료의 상업생산, ㈔ 연료품질기준(바이오에탄올 등의 혼합률 수준 등), ㈘ 각 가맹국의 권한인 세제우대조치 등에 따라 좌우된다.

이 목표 달성을 위한 수단(혼합의무, 세제우대조치 또는 쌍방의 조치) 중 어떤 것을 채용할 것인가는 각 가맹국의 자유이지만 유럽 바이오디젤위원회(european biodiesel board : EBB)에서는 앞으로는 세제우대조치로 세수의 대폭 하락이 염려되므로 브라질처럼 바이오연료 혼합을 의무화하는 정책이 주류를 이룰 것이라는 견해를 밝혔다.

 공통 농업정책 및 설탕제도 개혁과의 관련

2003년의 공통 농업정책(CAP) 개혁으로 바이오연료 등의 원료가 되는 에너지작물을 생산하는 경우 장려금을 지불하는 제도가 도입되었다. 이 제도로 휴경지*를 활용한 비식용작물(에너지작물 등)의 작부가 가능하게 되어 1ha당 45유로의 특별장려금을 150만ha를 상한으로 지불하기로 했다. 이 장려금은 별도 지급되는 직접지불에 가산되어 지불되고 또 가맹국에 의한 보상 장려금도 용인하고 있다.

에너지작물에 대한 특별지원제도는 2004년부터 실시되고 있으며 그 후 2년간의 실시상황을 2006년말까지 검증하기로 했다. 그 결과 보조대상이 된 면적은 2004년에 약 30만ha(최대 보증면적의 20%), 2005년에 약 57만ha(최대 보증면적의 38%)였으며, 적극적으로 활용한 가맹국은 독일, 프랑스, 영국뿐이었다.

이용이 저조했기 때문에 2007년부터 이 제도를 신규 가맹국에도 적용하고 다년생 에너지작물에 대한 지원 확대로 유량(油粮) 종자 지원에 편중하는 것을 회피해왔다. 하지만 2004~06년의 EU 15개국 에너지작물 재배면적의 확대 경향과 신규 가맹국에 대한 해당 제도 적

---

* 세트어사이드(휴경)는 곡물의 생산과잉 대책으로 1988년에 도입, 1992년 CAP 개혁에서는 연간 생산량이 93톤 이상인 농가는 농지의 15% 휴경이 의무화되었다.

용과 사탕무를 에너지작물에 편입시킴으로써 재배면적이 늘어난 이유 등으로 장려금 지급상한 면적의 확대가 필요하여 2007년부터 상한면적을 150만 ha에서 200만 ha로 인상했다.

그러나 2007년의 신청 재배면적이 최대 보증면적을 크게 웃돌았으므로 (284만 ha) 유럽위원회는 2007년 특별장려금 지불을 30% 커트 (신청면적의 70%에 대하여 1 ha당 45유로를 지급)하는 방침을 천명했다.

이런 가운데, 공통농업정책의 중간점검작업으로 실시하는 '헬스체크*' 구체적인 안이 유럽위원회로부터 2008년 5월 20일에 제시되어 의무적 휴경** 폐지안 등이 공시되었다. 그 후 6개월에 걸친 검토 끝에 농무장관 이사회는 2008년 11월 20일 '헬스체크' 내용에 대해 합의했다.

바이크연료에 관한 합의사항으로는 의무적 휴경과 에너지작물에 대한 특별장려금 폐지가 포함되었다.

다른 한편, 2005년 5월, WTO (세계무역기구)의 분쟁해결기관이 EU의 설탕수출에 관한 장려제도를 위법이라고 하는 상급위원회 보고 및 패널보고서를 채택하였다. 이 통고를 받은 EU는 2005년 11월에 설탕제도개혁안에 합의했다. 설탕제도계획에서 바이오에탄올 생산용 사탕무는 휴경지에서 재배가 가능하게 되었고 (비식용 사탕무에는 에너지작물에 대한 보조금을 지급), 생산활동에서 제외되게 되었다. 단, 사탕무 제당기업으로부터 들은 바에 의하면 이 조치는 설탕을 생산하기 위한 사탕무 가격에 비하여 적은 액수인 한편 보조금을 받기 위한 기준도 엄하기 때문에 사탕무 생산자들에게 있어서는 별로 매력적이지 않은 제도라는 것이다.

---

* 헬스체크는 2009년 이후의 CAP 개선 실시를 위해 현행 CAP의 정책 수단을 평가·검증하는 것
** 의무적 휴경은 1 ha 이상의 경작지당 적어도 10%의 휴경지를 포함시키는 제도

 바이오연료의 세제와 수입관세

(1) 내국세

에너지 세제지령 (2003/96/EC)는 전기, 천연가스, 석탄, 자동차 연료 등 모든 에너지제품에 대하여 세제를 규정하고 있으며 2003년 10월 27일부터 발효했다. 이 지령 속에는 가맹국이 바이오연료에 대한 연료세를 면세 또는 감면하는 것을 인정하고 있는데, 이 정치적 합의를 이끌어내기까지에는 10년 이상의 논쟁이 있었다.

구체적인 조건으로는, ㈎ 화석연료에 혼합되는 바이오연료의 중량을 초과하는 분량에 대해서까지 면세 또는 감면해서는 안 된다, ㈏ 화석연료의 생산코스트 차를 넘는 우대조치여서는 안 된다 (과잉보상 금지), ㈐ 세제면의 우대조치 적용기간은 6년을 넘어서는 안 된다는 조건이 붙었다.

(2) 수입관세

① 에탄올

수입되는 비변성 (非變性)에탄올 (undenatured ethanol)에 관해서는 리터당 0.192유로, 변성에탄올* (denatured ethanol)에 대해서는 리터당 0.102유로가 과세된다. 많은 가맹국 (영국과 네덜란드를 제외)은 변성에탄올의 혼합만을 허가하고 있다 (문헌 24).

에탄올의 일부는 HS (관세분류번호) 3824 아래에서 보다 낮은 관세 (6.5%)가 적용되기 때문에 이 타리프라인 (관세번호품목)을 사용한 수입이 증가하고 있다.

---

* 음료용으로는 사용하지 못하도록 변성제를 첨가한 에탄올. 공업용 에탄올이라고도 한다.

② 바이오디젤

수입되는 바이오디젤에 대해서는 HS의 3824.9098 (기타 화학품)로 6.5%의 관세가 적용되고 있다. 그러나 식물유의 주요 생산국인 아르헨티나, 인도네시아, 말레이시아에는 특혜관세제도 (generalized system of preferences : GSP) 아래 무관세 수입이 인정되고 있다.

바이오디젤은 '기타 화학품'과 동거하는 관세번호품목으로 수입되기 때문에 이제까지는 정확한 수입량을 파악할 수 없었으나 2008년 1월에 바이오디젤용의 타리프라인인 HS 3824.9091이 신설되었다 (문헌 26).

위의 수입관세는 특혜관세제도 (GSP) 적용국, 특히 EBA* (everything but arms)와 ACP* (african, caribean and pacific) 제국 등에는 적용되지 않는다.

5·4 바이오연료의 이용의무화

유럽위원회는 2008년 1월 23일 유럽이사회에서 2007년 3월에 합의한 지구온난화대책 및 재생가능에너지 이용촉진대책을 구체화하는 광범위한 정책 패키지를 제안했다. 이 중에서 재생가능에너지 이용촉진에 관해서는 "재생가능 자원의 에너지 이용촉진에 관한 유럽의회 및 유럽이사회 지령안" [COM (2008) 19 final]에서 수송연료의 바이오연료 10% 혼합 등의 의무목표 (binding target)를 각 가맹국에 실행시키기 위한 지령이 포함되어 있다. 유럽위원회는 재생가능에너지 이용을 향상시키기 위해서는 이제까지의 경험상 법적 규제와 구속력을 갖는 기한부 목표를 필요로 하고 있다.

---

* EBA란 EU가 추진하는 무역 이니셔티브로, LDC (후발개발도상국)로부터 수입하는 품목은 무기를 제외하고는 전 품목을 수량에 제한없이 무관세 수입을 인정하는 제도이다. ACP는 아프리카, 카리브해·태평양제국이 EU의 옛 식민지였으므로 특혜관세가 적용되고 있다.

이 지침의 특징은 "EU조약 제175조 제1항 (환경보호 등에 관한 조문, 관련조문은 제95조)"을 기본으로 작성되었으며, 법적으로 환경정책의 일환으로 자리매김하고 있다.

10%의 혼합의무 목표를 달성하기 위해서는 EU 역내산뿐만 아니라 EU의 다른 가맹국과 브라질 등 제3국으로부터의 수입 연료분도 카운트하도록 되어 있다. 또 원칙적으로 바이오연료와 그 원료의 무역을 저해하는 조치를 채용하는 것을 금지하는 한편, 역내와 역외의 재생가능에너지 생산자에게는 같은 조건을 부과하기로 되어 있다.

바이오에너지로는 ㈎ 전력, ㈏ 난방, ㈐ 수송의 3분야가 포함된다. 3분야 중 전력에 대한 재생가능에너지 이용촉진은 유럽위원회 지령 2001/77/EC, 수송분야에 대한 바이오연료 이용촉진은 2003/30/EC로 규정되어 있지만 난방·냉방 분야에 대한 재생가능에 관한 법적 규정은 존재하지 않았다. 그래서 유럽이사회는 난방·냉방에 필요한 에너지를 포함한 재생가능에너지의 2020년 이용의무목표를 20%로 정했다.

재생가능에너지 20% 이용의무는 각 가맹국에 GDP (국민총생산)에 따라 증가분이 균등하게 되도록 유연성을 가지고 배분하였지만 (각 가맹국은 자국의 형편에 따라 전력, 냉·난방, 수송 등 각 분야의 이용을 종합하여 목표값을 달성할 수 있다), 바이오연료 10% 혼합의무에 대해서는 가맹국에 일률적으로 의무화했다.

수송분야에 의무를 엄격하게 한 이유는 ㈎ 수송분야는 GHG 배출량이 가장 빠르게 증가하는 분야이고, ㈏ EU에서 가장 중대한 문제가 되고 있는 에너지 안전보장문제의 하나인 수송분야의 석유의존도 문제에 도전할 필요가 있으며, ㈐ 바이오연료는 다른 재생가능에너지와 비교하여 가격면에서 불리하기 때문에 구체적인 사용의무를 부과하지 않으면 보급이 어렵고, ㈑ 바이오연료는 무역이 용이하여 어디서나 구입 가능하므로 국산과 수입을 결합하여 목표를 달성해도 되는 점 등을 들고 있다.

이 지침을 받아 각 가맹국은 나라별 행동계획 (분야별 목표를 포함) 을 작성하도록 되어 있다.

2005년 시점에서 EU의 재생가능에너지 이용 셰어는 8.5%이고, 2020년까지 20%를 달성하기 위해서는 대폭적인 인상이 필요하다. 또 제18조에서는 10%의 바이오연료 최저 혼합기준을 달성하는 관점에서 EN 590/2004에 규정되어 있는 바이오디젤 혼합률 5%를 초과하는 것을 인정하고 있다.

이 의무목표안을 작성하는 과정에서 ㈎ 중소기업의 지역고용기회 증가, ㈏ 지역·농촌개발, ㈐ 경제발전의 자극과 EU기업의 지지규모의 리더십 향상, ㈑ 기산 변동문제에 대한 대처, ㈒ EU의 에너지안전보장 등의 관점에서 폭넓은 지지를 얻으려 하고 있다.

다른 한편, 식용으로도 이용되는 바이오매스 자원의 수요가 더욱 커진다면 식료부족과 환경에 대한 나쁜 영향도 염려된다는 의견도 있다. 이 때문에 환경측면까지 배려한 지속가능한 형태로 바이오연료를 생산·이용하기 위해 "지속가능성 기준 (sustainability criteria)"을 설정하고 있다.

참고

바이오연료정책의 변천

2003년	2003/30/EC : 바이오연료의 이용 촉진
	2003/96/EC : 가맹국의 바이오연료 우대세제조치를 승인
	2003/17/EC : 바이오연료 혼합률 등의 연료규격 제정
2004년	가맹국의 2005년 도입목표 설정
2005년	가맹국의 바이오연료 도입 달성상황 보고
	바이오매스 행동계획 책정
	유럽환경회의 개최
2006년	유럽위원회에 의한 평가·권고 실시
	바이오연료전략 : 2006년 말까지 2003년의 지령을 재검토

> 2007년 1월 바이오연료의 전략적 에너지정책 : 바이오연료의 이용비율 의무
> 화 제안
> 2007년 3월 바이오연료 이용의무화 등의 패키지에 합의(유럽이사회)
> 2008년 1월 유럽위원회에 의한 바이오연료 이용의무화, 지속가능성 기준을
> 포함한 패키지안(지령안) 제시
> 2008년 12월 유럽의회에서 지구온난화·에너지 패키지에 합의

5·5 바이오연료에 대한 지속가능성 기준

2008년 1월의 유럽위원회 패키지 제안에서는 바이오연료의 생산·이용은 지속가능한 것이어야 한다고 하고, 지속가능성 기준(sustainability criteria)에 합치되는 바이오연료만이 삭감의무 목표와 나라별 목표분으로 카운트되어 가맹국에 의한 재정적 지원을 받을 수 있을 것, 또 바이오연료 이용의무화와 함께 지속가능성 기준안에 대해서도 규정하고 있다.

지령 제15조에서는 ㈎ 바이오연료 이용으로 화석연료에 비해 온실효과 가스(GHG)를 최저 35% 감축*할 것, ㈏ 생물 다양성이 높은 토지에서 바이오연료를 생산하지 말 것, ㈐ 탄소고정능력이 높은 토지에서 바이오연료를 생산하지 말 것, ㈑ 모든 EU 역내산 바이오연료는 기존의 환경지령에 합치할 것이 규정되어 있다.

생물다양성이 높은 토지란 미개발 삼림, 자연보호지정지역, 생물다양성이 높은 초지를 이르고, 또 탄소고정능력이 높은 토지란 습지대와 지속적인 삼림을 예시하고 있다. 유럽위원회는 2010년 12월말까지 구체적인 지속가능성 기준에 대하여 보고하도록 되어 있다.

지속가능성 기준의 인증제도에 대해서는 1차적으로 가맹국 책임 아

---

* 2007년 2월 1일 유럽위원회가 고시한 수송연료에 관한 새로운 기준에 관한 제안에는, GHG에 관해서는 2011년부터 2010년의 수준을 기준으로 매년 1%씩 감축하여 2020년까지 20% 감축하기로 했다.

래 실시되지만 자주적인 인증제도, 관련사항의 국제적 합의, GHG 배출량 측정방법 등은 유럽위원회의 승인을 받도록 되어 있다. GHG 배출량 측정방법에 관해서는 토지이용 변경을 포함한 바이오연료 라이프 사이클 베이스로 실시하여 화석연료와 비교한다.

모니터링과 보고에 대해서는, 가맹국은 토지이용의 변경, 식료가격 변화와 식료의 이용가능상황, 바이오연료의 코스트·이익, 바이오연료의 수입제도, 지속가능성과 개발에 부수되는 문제들, 채용한 시정조치에 대하여 2년마다 유럽위원회에 보고한다.

5·6 이용의무화 목표와 지속가능성 기준

2008년 1월의 바이오연료 지침안을 바탕으로 2월에는 지속가능성 기준을 정하기 위한 임의의 작업팀이 설치되었다. 그러나 이 팀에서 작성된 기준안은 그 해 5월에 개최된 EU 서밋에서 부결되었다. 쟁점은 이산화탄소 배출량 측정방법, 지속가능성 기준의 제3국 적용문제 등이었다.

이러한 가운데 2008년 7월 7일 유럽의회의 환경위원회는 유럽위원회안인 바이오연료의 "2020년까지 10%"의 이용의무 목표를 "2015년까지 4%"로 수정하는 안을 찬성 다수로 가결했다. 환경위원회는 권고를 할 뿐이지만 이탈리아와 영국 등의 가맹국도 목표를 수정하여 찬성입장을 표명하는 등, 바이오연료에 대한 가맹국의 반발이 거센 와중에서의 권고였으므로 이 영향은 작지 않다.

영국의 재생가능 연료청 (renewable fuels agency)이 작성한 보고서는, 바이오연료의 사용 확대를 지향하는 이제까지의 정책을 계속한다면 EU의 곡물가격이 15% 상승할 것이며, 인도 등에서 수백만 명이 빈곤에 내몰릴 것이라고 시사했다. 식료의 높은 가격과 삼림의 농지전용 문제의 해결책이 나오기까지 도입속도를 늦추어야 한다고 제언했다.

　같은 시기에 유럽환경청 (european environment agency)은 초기단계의 리포트라면서도, 유럽위원회의 목표를 달성하려고 하면 개발도상국의 열대우림 파괴와 식량가격 상승을 초래하게 될 것이므로 효율적이고 지속가능한 목표는 "국산 수송용 바이오연료 이용목표를 2020년까지 3.4% (유럽위원회의 3분의 1 목표 수준)"로 해야 한다고 했다.

　그리고 2008년 9월 11일에 개최된 유럽의회의 공업위원회에서는 다음 사항에 합의했다.

- 바이오연료의 이용률을 2020년까지 10% 의무화한다는 유럽위원회의 제안을 승인했지만, 그 중의 40%는 제2세대 바이오연료, 전기 또는 수소 유래의 연료로 한다.
- 2015년의 이용률을 5% (그 중 1%는 제2세대 바이오연료 유래)로 하는 중간목표를 설정한다.
- 2020년의 10% 목표는 2014년에 다시 검토한다.
- 바이오연료에 따른 GHG 배출량을 최저 45% 감축하고 2015년 이후는 60% 감축한다 (유럽위원회 원안은 35% 감축).
- 사회적 지속가능성 기준 (지역커뮤니티의 토지권리 존중, 모든 작업자에 대한 공정한 보수 등)을 창설한다.

　유럽의회는 공업위원회의 합의안을 받고 가맹국간 교섭에 나섰지만 바이오연료 관련 단체 (EBB 등)와 말레이시아 등의 수출국은 이 공업위원회 합의안에 불만을 나타내고 있다.

　지속가능성 기준에 대해서는 바이오연료를 수출하는 개발도상국으로부터 비판의 소리가 높다. 브라질, 아르헨티나, 콜롬비아, 말라위, 모잠비크, 시에라리온, 인도네시아 및 말레이시아 등 8개국은 EU의 지속가능성 기준이 바이오연료 생산국에는 너무 복잡하다고 비판하며, 멤버 중에는 최종적으로는 WTO에 제소할 가능성도 시사하는 나라가 있다.

지속가능성 기준에 대해서는 바이오연료의 원료생산지 규제, GHG 배출량 감축기준 등 부수적 조건이 포함되어 있으므로 바이오연료 수출국에는 무역량 감소로 이어질 문제이기 때문에 바이오연료의 최대 수출국인 브라질을 비롯해 신경이 날카롭다.

5·7 드디어 타협안에 합의

EU 가맹국 정상들은 2008년 12월 11일부터 12일에 걸쳐 브뤼셀에서 개최된 유럽의회에서 논의한 결과 교토의정서가 집행되는 2013년 이후의 포괄적인 기후변동대책 중에서 재생가능자원 유래의 에너지 이용 촉진에 관한 포괄법안(2008년 1월 23일에 공시된 유럽위원회 제안을 수정한 것으로, 채택은 동년 12월 17일)의 주요 내용은 표 5-3과 같다.

표 5-3 2009년 12월 17일 유럽의회에서 합의한
지구온난화 에너지 패키지의 개요

1. 기본목표 (주 1)

항목	달성연도	의무목표 (주 2)	비고
전체 GHG 배출량 감축률	2020년	20%	
전체 에너지 효율	2020년	20% 이상	
전체 재생가능 에너지 비율	2020년	20%	• EU 전체 목표 • 각국에는 GDP를 바탕으로 배분 (10%에서 49% 폭)
수송분야의 재생 가능에너지 비율	2020년	10%	• 가맹국 일률 적용 • 제2세대 바이오연료의 도입 목표율은 없음 • 바이오연료에 한정하지 않음

2. 지속가능성 기준에 관한 합의사항

항목	내용
기본사항	바이오연료 생산은 지속가능해야 하며, 가맹국의 지원책은 지속가능성 기준에 합치될 것
바이오연료의 GHG 배출량 감축률 (화석연료와의 비교)	• 최저 35%, 2017년 이후부터 50%, 2017년 이후 제조분은 60% [소맥·에탄올, 팜유·BDF(바이오디젤 연료) 등은 35%보다 낮은 값을 계상] • 원료 생산으로 인한 토지이용 변화에 관한 법적 구속력을 가진 규율은 삭제
바이오연료의 원료 (재배지 제한)	• 고도의 생물 다양성을 가진 토지와 탄소고정능력이 높은 토지(습지대와 삼림수 밀도가 30%를 넘는 숲 등)에서의 원료 생산 금지 • 원료 생산에 있어서는 농업생산성 향상과 저급한 토지이용을 촉진한다.

3. 연료 품질 지령의 개정(주 3)

항목	내용
에탄올의 가솔린 혼합률	• 10% 혼합률(E10)은 단계적으로 도입 • 현행 5% 혼합률(E5)의 규제는 2013년까지 계속 (재연장 가능성 있음)
여름철 냉량(冷凉)의 증기압 기준 웨버	유럽위원회에 의한 금후의 조사결과를 가지고 판단 (대기오염의 시점)

자료 : 유럽의회 합의 텍스트(2008년 12월 17일자)
주 1 : 대상분야는 전력, 수송, 냉난방 3분야
주 2 : 법적 구속력 있음
주 3 : 에너지 패키지와 같은 날에 합의

　2008년 1월의 유럽위원회 제안 및 동년 9월의 공업위원회 합의와 다른 점은, 바이오연료에 고정하지 않고, 재생가능자원을 사용한 전력, 수소의 활용 등 모든 수송분야에서의 재생가능에너지 이용 다양화를 도모한 점이다. 또 바이오연료에 대한 GHG 배출량 규정에 대해서는 화석연료와 비교하여 35% 이상 감축효과가 있는 것에 한하여 재생가능에너지로 인정하기로 하고, 그 감축률을 단계적으로 60% 수준까지 확대하였다.

EU 역내의 원료로 생산된 바이오연료에 대해서는 지속가능성 기준, 즉 환경조건뿐만 아니라 사회적 요건(토지이용 권리, 남녀 간의 공정한 노동자 보수, 고용상의 차별 등) 모두가 적용된다.

한편, 이 기준의 제3국 적용에 관해서는 국제적인 룰 책정의 방향성이 시사되었다. 토지이용 변화에 관한 법적 구속력을 갖는 규정은 없다. 또 영향을 감시한다고 하였는데 유럽위원회는 그 영향과 감시책에 대하여 2010년까지 보고하고, 바이오연료 증산에 따른 물·토양·대기 등에 대한 영향과 상기 사회적 요건의 영향(모두 제3국을 포함)에 대해서는 2012년까지 보고하며, 그 이후는 2년마다 보고하게 되었다.

각 가맹국은 이 패키지 실시를 위한 나라별 행동계획서를 2010년 6월말까지 유럽위원회에 제출하도록 되어 있으며, 2011년까지 실시를 목표로 하고 있다.

5·8　바이오연료의 생산 현황

EU의 바이오연료 사정의 특징은, 다른 나라들과는 특이하게 바이오디젤 소비량이 바이오에탄올보다 월등하게 많다. EurObserv'ER (2007년)에 의하면 바이오연료 소비량 중 75%가 바이오디젤이고 15.2%가 바이오에탄올, 9.8%가 식물유로 되어 있다.

표 5-4 각 가맹국의 바이오디젤 생산 추이

국가	2003년	2004년	2005년	2006년	2007년
	E15	E15	E25	E27	E27
독일	715	1035	1669	2662	2890
프랑스	357	348	492	743	873
이탈리아	273	320	396	447	363
오스트리아	32	57	85	123	267
포르투갈			1	91	175
스페인	6	13	73	99	168
벨기에			1	25	166
영국	9	9	51	192	150
그리스			3	42	100
네덜란드				18	85
덴마크	40	70	71	80	85
폴란드			100	116	80
스웨덴	1	1.4	1	13	63
체코		60	133	107	61
슬로바키아		15	78	82	46
핀란드				0	39
루마니아				10	36
리투아니아		5	7	10	26
슬로베니아			8	11	11
불가리아				4	9
라트비아			5	7	9
헝가리				0	7
아일랜드				4	3
키프로스			1	1	1
말타			2	2	1
에스토니아			7	1	1
룩셈부르크				0	0
계	1434	1933.4	3184	4890	5713

자료 : EBB (유럽바이오디젤위원회)

표 5-5 각 가맹국의 바이오에탄올 생산 추이

국가	2004년	2005년	2006년	2007년
프랑스	10.1	14.4	29.3	57.8
독일	2.5	16.5	43.1	39.4
스페인	25.4	30.3	39.6	34.8
폴란드	4.8	6.4	16.1	15.5
스웨덴	7.1	15.3	14.0	7.0
이탈리아	0.0	0.8	7.8	6.0
체코	0.0	0.0	1.5	3.3
헝가리	0.0	3.5	3.4	3.0
슬로바키아	0.0	0.0	0.0	3.0
리투아니아	0.0	0.8	1.8	2.0
라트비아	1.2	1.2	1.2	1.8
영국	0.0	0.0	0.0	2.0
네덜란드	1.4	0.8	1.5	1.4
핀란드	0.3	1.3	0.0	0.0
계	52.8	91.3	159.3	177.0

자료 : eBIO (2008년 6월 2일)

바이오디젤에 대해서는 1980년대에는 오스트리아의 농업협동조합이 생산을 시작했고 1991년에는 상업적 생산이 시작되었다. 프랑스에서는 채종을 원료로 하는 바이오디젤 생산을 시작했다 (문헌 34). 승용차 신차 판매에서 보는 디젤차 비율은 1990년에 4% 정도에 불과했던 것이 2006년에는 50%를 기록할 정도로 늘어났다. 프랑스, 스페인에서는 신차 등록의 70%가 디젤차이다 (문헌 36).

바이오연료 생산은 프랑스의 경우 1990년대에 시작하였으나 그 후에는 생산 신장률이 낮았다가 2004년경부터 급증하고 있는 상황이다. 독일 역시 지난 몇 년 사이 바이오연료 생산이 빠른 추세로 늘어나고 있어 독일과 프랑스가 EU의 바이오연료 생산 핵심국가가 되었다.

바이오에탄올 생산에 관해서는 프랑스가 최대 생산국이고 그 생산량은 58만 kL에 이른다. 2007년은 곡물(특히 소맥)가격의 상승으로 13개 생산국 중에서 7개국이 전년도의 절반인 7만 kL까지 떨어졌다. 2007년에는 프랑스가 독일을 제치고 1위가 되었다. 프랑스, 독일, 스페인의 톱 3이 셰어는 75%에 이른다.

다른 한편, 바이오디젤은 독일이 약 절반의 셰어를, 그리고 독일, 프랑스, 이탈리아의 톱 3의 셰어는 72%에 이르고 있다.

⑤·⑨ 바이오연료의 소비 실태

2003년 바이오연료의 생산·이용을 촉진하기 위한 지령이 공시된 지 4년 이상 경과된 2007년의 바이오연료 전체 소비량(잠정값)은 약 770만 toe*까지 확대되었다. 이 소비량은 수송용 연료소비량의 약 2.6%(에너지 베이스)에 해당하고, 2003년의 지령에서 정한 2010년의 5.75% 목표의 절반 이하 수준이다.

전체 소비량은 2005년이 299만 2000 toe, 2006년이 560만 2000 toe(전년도비 87% 증가), 2007년이 769만 4000 toe(전년도비 37% 증가)였으며(단 2005년은 EU 25개국의 수치), 2007년에는 소비 신장이 둔화했다. 바이오에탄올, 바이오디젤 모두 가장 큰 소비국은 독일이고, 다음이 프랑스이다.

---

* toe(ton oil equivalent)란 에너지양을 기본으로, 각 에너지원을 원유로 환산한 수치

표 5-6 바이오연료 소비 현황 (2007년)

(단위 : toe)

국가	바이오에탄올	바이오디젤	기타 (식물유, 바이오가스)	계
독일	293078	2957463	752207	4002748
프랑스	272937	1161277	0	1434215
오스트리아	21883	367140	0	389023
스페인	112640	260580	0	373220
영국	78030	270660	0	348690
스웨덴	181649	99602	n.a.	281251
포르투갈	0	158853	0	158853
이탈리아	0	139350	0	139350
불가리아	66160	46336	0	112496
폴란드	85200	15480	0	100680
벨기에	0	91260	0	91260
그리스	0	80840	0	80840
리투아니아	11600	41000	0	52600
룩셈부르크	865	34098	0	34963
체코	180	32660	0	32840
슬로베니아	794	12993	n.a.	13787
슬로바키아	13262	n.a.	0	13262
헝가리	9180	0	0	9180
네덜란드	8670	n.a.	0	8670
아일랜드	2352	4612	1410	8374
덴마크	6025	0	0	6025
라트비아	1738	2	0	1740
말타	n.a.	0	0	0
핀란드	n.a.	n.a.	n.a.	n.a.
키프로스	n.a.	n.a.	n.a.	n.a.
에스토니아	n.a.	n.a.	n.a.	n.a.
루마니아	n.a.	n.a.	n.a.	n.a.
계	1166243	5774207	753617	7694067

자료 : EurObserv'ER, Biofuels Barometer, June 2008
주 : 식물유 소비국은 독일, 아일랜드, 네덜란드이고 바이오가스는 스웨덴 단위는 석유환산 톤

(1) 바이오에탄올의 소비

바이오에탄올 소비량의 2006년에서 2007년의 확대폭 (약 34%)은 2005년에서 2006년의 확대폭 (약 56%)에 비해 많이 감소했다. 이것은 곡물 (특히 소맥)가격 상승이 배경이다.

EurObserv'ER의 리포트 (문헌 9)에 의하면, 곡물가격이 오르기 이전에 계약한 관계로 어느 정도 견딜 수 있었던 것이 불리한 상황 속에서도 바이오에탄올 소비가 늘어난 요인이었지만, 다른 한편 사탕무를 이용한 생산에는 영향을 미쳤다.

(2) 바이오디젤의 소비

바이오디젤 소비량은 2006년에 비해 약 42% (2006년의 확대폭은 약 81%) 증가하였으며, 이는 에탄올 확대폭보다 큰 것이다. 이러한 배경에는 자동차 연료로서의 디젤수요 확대 (2006년에 비해 약 62% 증가)를 들 수 있다.

5·10 EU의 바이오연료 규격과 이용형태

바이오연료의 규격은 유럽표준화위원회 (CEN)가 정하고 있는데, EN228에서는 가솔린에 바이오에탄올을 5%까지 혼합하는 것과 ETBE (가솔린 첨가제의 하나)에 바이오에탄올을 15%까지 혼합하는 것을 인정하고 있다 (프랑스에서는 실제로는 2~3%의 혼합에 머무르고 있다). 가솔린에 혼합되는 바이오에탄올의 규격은 EN15376에 규정되어 있다.

또 화석연료에 대한 바이오에탄올 등의 혼합률이 5%를 넘는 경우에는 급유소에서 개별적으로 표시하도록 되어 있다.

2007년 1월 31일 유럽위원회는 자동차 연료의 규격을 정하는 "가솔린과 디젤 연료의 품질에 관한 지령 (98/70/EC)"을 수정하여 ㉮ 바이오에탄올 혼합률을 10%로 하고, ㈏ 바이오에탄올 혼합 가솔린에 대하여 여름철의 최대 증기압을 기준값의 60 kPa을 초과하는 수준을 인정할 것 등을 제안했다.

EU의 에탄올 이용형태를 보면, 직접 혼합하는 비율이 4분의 1로 적고 게다가 영국, 스웨덴 등 일부 나라에 한정적으로 이용되고 있는 상황이며 대부분은 ETBE 형태로 이용되고 있다.

바이오에탄올을 투명성 있는 형태로 보급시키려면 직접 혼합을 추진해야 하는데 유럽에탄올생산자협회 (european union ethanol producers : UEPA)에 의하면 직접 혼합의 최대 장애는 상 분리*문제라기보다는 증기압** (vapour pressure)의 상한 제한 때문이라고 한다.

EU에서는 1998년의 지령 (98/70/EC)에서 여름철 가솔린의 증기압을 60 kPa까지로 정하고 있으며 예외적으로 겨울철 엄동국 (severe winter weather conditions)에서는 +10 kPa의 허용범위가 인정되고 있다. 유럽바이오에탄올연료협회 (european biothanol fuel association : eBIO)에 의하면 영국, 아일랜드, 스웨덴, 핀란드, 에스토니아, 라트비아, 리투아니아 및 폴란드는 이 허용범위를 채택하고 있다.

UEPA는 에탄올을 혼합하면 증기압이 상승하므로 겨울철 엄동국 이외에서도 적어도 8 kPa의 허용범위가 필요하다는 입장이며, 증기압의 허용범위가 없다면 2020년까지 바이오연료 이용률을 10%까지 높이는 것은 어려울 것이라고 한다 (표 5-3에서와 같이 겨울철 엄동국 이외에 적용은 보류).

UEPA에 의하면 석유업계가 가솔린 자체의 부탄을 제거하거나 하여 증기압을 52 kPa로 낮추면 문제가 없지만 석유업계는 그 수고와

---

* 에탄올은 가솔린에 대한 친화성이 높기 때문에 가솔린에 혼합된 에탄올의 상당한 비율이 수상 (水相)으로 이행하는 현상 (상 분리)이 일어난다. 상 분리가 일어나면 가솔린에서 에탄올이 빠져나가 설정한 가솔린의 품질을 유지할 수 없게 된다.
** 에탄올 그 자체는 증기압이 낮은 물질이지만 가솔린에 3% 혼합하면 가솔린에 비해서 약 7 kPa 증기압을 상승시킨다.

코스트를 부담하지 않으려 한다는 것이다.

또 E85는 아직 EU에서 통일 규격을 정하지 않았지만 유럽위원회의 작업부회에서 합의된 규격 (CWA15293)은 존재한다.

eBIO에 의하면 가맹국의 어려운 재정사정으로 에탄올 혼합가솔린의 연료세 감면조치보다는 혼합률 의무화로 전환하는 경향이 늘어나고 있다. 독일, 프랑스, 오스트리아, 포르투갈에서는 10% 혼합률로 전환하고 있지만 대부분의 나라에서는 에탄올 혼합률은 5%에 머물러 있다.

표 5-7 바이오연료의 규격

연료의 종류	규격
가솔린 중량베이스로 5%까지의 바이오에탄올을 혼합할 수 있다.	EN228[주 1]
디젤 중량베이스로 5%의 바이오디젤을 혼합할 수 있다.	EN590
액화석유가스 (liquified petroleum gas : LPG)	EN589
바이오디젤 (B100)	EN14214
바이오에탄올 (E100)5	EN15376
E85	CWA15293[주 2]

자료 : 필자 작성
주 1 : ETBE는 중량베이스로 15%까지의 바이오에탄올 혼합을 인정하고 있다.
주 2 : 유럽위원회의 작업부회에서 합의

5·11 다양한 바이오에탄올 원료

다음 정보는 eBIO의 투고기사 (문헌 13)에 바탕한 것이다. 2007년 EU의 바이오에탄올 원료 내역 (괄호 안은 2006년의 %)은 소맥 39% (41%), 사탕무 24% (17%), 옥수수 13% (2%), 대맥 12% (8%), 와인알코올 8% (14%), 호밀 3% (17%), 목재 펄프 1% (1%)이다.

소맥은 2006년부터 가격 상승에도 불구하고 최대 셰어를 기록하고 있으며 이것은 약 65만 kL의 에탄올 생산량에 상당하는 것이다. 곡물 전체로는 65%의 셰어이고 에탄올 상당량으로는 115만 kL 정도이다. 사탕무는 두 번째의 중요한 에탄올 원료가 되었지만 이 사탕무를 이용하는 주요 국가는 프랑스, 독일, 영국 등 3개국이고 최근에 이르러서야 체코가 많은 사탕무를 원료로 이용하기 시작했다.

셀룰로오스 원료는 스웨덴만이 목재 펄프로 1만 5000 kL의 에탄올을 생산하고 있다. 핀란드에는 잔사로 에탄올을 생산하고 있는 공장(1곳)이 있다.

와인알코올을 바이오에탄올 원료로 사용하는 곳은 EU뿐이다. 그 원료 셰어를 약 8%로, 약 14만 kL 상당의 에탄올을 생산하고 있다. EU는 2004년부터 품질이 낮은 와인알코올을 에탄올 생산용으로 이용해왔다. 와인은 입찰을 통해 한정된 회사에 팔고 증류된 연료용 에탄올을 생산하는 시스템이다. 입찰 결과의 투명성에 문제가 있다는 지적도 있다. 바이오에탄올용으로 이용되기 위해서는 보다 매력적인 가격을 오퍼할 필요가 있는데, 현실은 낙찰되지 못하는 사례도 있으며, 와인알코올의 바이오연료 이용량이 2007년에는 절반 정도로 떨어졌다.

나라별로 보면, 프랑스에서는 사탕무, 소맥, 와인알코올이, 독일은 곡물, 스페인은 소맥, 목재 펄프가, 신규 가입국으로 최대 생산량을 자랑하는 폴란드는 소맥, 옥수수가 주요 원료이다. 스웨덴은 브라질로부터 에탄올을 대량 수입하고 있으며 이 에탄올을 사용하여 E85를 생산하고 있다. 체코의 생산 증가도 현저한데, 원료는 당밀을 쓰고 있다. 헝가리와 슬로베니아는 옥수수, 에스토니아와 라트비아는 호밀, 이탈리아는 와인알코올이 주원료이다.

그 밖에 영국이 사탕무를 이용한 에탄올 생산을 막 시작한 처지이며, 오스트리아는 옥수수, 네덜란드는 소맥, 핀란드는 잔사가 주원료이다.

 **바이오연료의 생산 코스트와 원료 생산성**

2장에서도 바이오연료 생산 코스트에 관한 데이터를 기술하였는데, 여기서는 유럽위원회의 공동 연구조직이 작성한 데이터를 소개하겠다. 유럽위원회가 기대하고 있는 제2세대 바이오연료(리그노 셀룰로오스와 목질계 원료)를 사용한 생산 코스트에 대해서는 제1세대 바이오연료의 코스트에 비해 30~60% 정도 코스트가 높다.

표 5-8 **바이오연료의 생산 코스트**

연료	원료	생산비 (유로/toe)
바이오에탄올	소맥	649 (724*)
	사탕무	716 (699*)
	리그노 셀룰로오스	957
바이오디젤	채종	716
	목질	1147

자료 : Tobias Wiesenthal, Institute for Prospective Technological Studies (IPTS), European Commission DG JRC, Analysis of Biofuel Support Policies, 15th European Biomass Conference, May 11, 2007
주 : *는 증류박을 에너지로 이용하는 경우

원료 1톤으로 생산되는 바이오연료의 양은 바이오디젤(BDF)의 원료인 식물유, 유량종자(油糧種子)에 의한 생산성이 높은 편이다.
바이오에탄올은 설탕, 녹말로 직접 생산하는 것이 생산성이 높고 EU의 바이오에탄올 주원료인 소맥과 사탕무의 경우는 사탕무를 원료로 쓰는 쪽이 소맥에 비해 많은 양의 원료를 필요로 한다.

표 5-9 1톤의 원료로 제조되는 바이오연료

원료	연료	중량 (톤)	용량 (kL)
채종	바이오디젤	0.41	0.466
해바라기	바이오디젤	0.43	0.488
채종유	바이오디젤	0.91	1.035
해바라기유	바이오디젤	0.91	1.039
비트	에탄올	0.09	0.114
소맥	에탄올	0.28	0.355
대맥	에탄올	0.24	0.304
호밀	에탄올	0.28	0.351
옥수수	에탄올	0.30	0.380
설탕	에탄올	0.63	0.797
녹말	에탄올	0.55	0.691

자료 : UEPA (유럽에탄올생산자협회)

5·13 바이오연료를 둘러싼 엄격한 환경

유럽바이오디젤위원회 (european biodiesel board : EBB)에 의하면 2007년의 바이오디젤 생산능력은 1000만 톤을 넘고 생산국은 25개 가맹국, 185개 공장이다. eBIO (유럽바이오에탄올연료협회)에 의하면 2007년의 바이오에탄올 생산능력은 약 356만 kL이고 생산국은 16개 국, 38개 공장 (이 밖에 건설 중인 공장의 생산능력은 383만 kL)이었다.

그러나 EU의 바이오디젤과 바이오에탄올 모두 2006년부터 상황이 악화되었다. 첫째 요인은 미국으로부터의 바이오디젤 수입 급증이었다. EBB의 프레스리리스 (2008년 10월)에 의하면 2007년에 미국으로부터 수입한 바이오디젤 (80%는 대두 유래)은 105만 톤이었으나 2008년에는 1~7월까지의 수입량만도 85만 톤에 이르러, 이미 2007년도 전체 수입량의 80%를 기록했다. 대량 수입된 미국산 바이오디젤에는 아주 적은 양의 광물유가 혼합(B99)되어 있다.

바이오에탄올은 곡물(소맥)가격의 상승으로 생산 확대에 제동이 걸렸다. 또 하나의 요인은 바이오에탄올의 수입 증가인데 특히 가격경쟁력이 있는 브라질, 남아프리카공화국, 파키스탄, 우크라이나로부터의 수입이 늘어나고 있다.

> 참고

B99와 splash and dash 문제

미국에서는 바이오디젤에 0.01% 이하의 광물유를 첨한 것(B99.9)이 물품세의 감면조치(1달러/갤런)의 적용을 받는다. 이 B99(통칭)가 EU에 대량 수입되고 있다. 또 말레이시아 등 다른 나라에서 생산된 바이오디젤이 미국에 수출되어 광물유가 첨가된 후 감면조치를 받은 다음 바로 EU에 다시 수출되고 있다(이는 "splash and dash"라 불리고 있다).

EU에 수입된 후에도 세제면에서 우대조치를 받고 있다. EBB가 유럽위원회 무역위원장에게 보낸 레터(2007년 3월 19일자)에 의하면 EU가맹국 내의 순수한 바이오디젤시장을 왜곡하고 있으며 덤핑액은 1리터당 100~150유로 이상(2007년 10월 16일의 성명문에서는 120~180유로 이상)에 이른다고 했다.

UEPA에 의하면 바이오에탄올에 대해서도 가솔린과 화학품 등을 첨가한 것이 보통 에탄올(제22류)이 아니라 제38류의 각종 화학공업품으로 낮은 관세혜택을 받아 수입되고 있다.

표 5-10 **바이오에탄올 수급표**

(단위 : 만 kL)

	2006년	2007년	2008년	2009년	2010년
생산	153	171	216	254	335
수입	32	100	127	158	177
수출	4	4	6	6	5
소비	186	266	336	406	507

자료 : USDA GAIN Report, EU-27 Biofuels Annual 2008, May 30 2008
주 : 2007년과 2008년은 추정치, 2009년과 2010년은 예측치

표 5-11 **바이오디젤 수급표**

(단위 : 천 톤)

	2006년	2007년	2008년	2009년	2010년
생산	4522	5350	5700	7300	8600
수입	136	750	1000	1200	1400
수출	0	0	0	0	0
소비	4658	6100	6700	8500	10000

자료 : USDA GAIN Report, EU-27 Biofuels Annual 2008, May 30 2008
주 : 2007년과 2008년은 추정치, 2009년과 2010년은 예측치

　미국 농무부의 데이터에 의하면 2007년의 바이오에탄올 수입량은
약 100만 kL*로 전년도보다 3배 넘게 증가하였으며, 전체 소비량 중
수입비율은 약 37%에 이른다. 다른 한편, 2007년의 바이오디젤 수입
량은 약 75만 톤으로 전년도보다 5.5배 증가하였으며, 전체 소비량
중 수입비율은 약 12%를 기록했다.

5·14　독일의 바이오연료 사정

(1) 재생가능에너지 이용 상황

　2003년의 EC지령에 따른 나라별 보고서(2007년)에 의하면 자동차
연료 소비량 중에서 바이오연료가 차지하는 비율(열량 환산)은 7.3%
에 이르렀다. "2010년 5.75%"라는 당초의 EU목표를 앞당겨 달성한
셈이다.
　바이오연료를 종류별로 보면 바이오디젤(지방산 메틸에스테르) 비
율은 5.4%, 바이오에탄올 비율은 0.5%, 식물유 비율은 1.3%였다.
　재생가능에너지 생산량 중 약 70%는 바이오매스 유래이고(2006년)
바이오에너지 중 65%가 열원, 13%가 전력 이용이다. 이들의 원료로

---

　*　리히트사의 데이터(문헌 11)에 의하면 2007년의 수입량은 133만 kL였고,
　2008년 1월에서 8월까지의 수입량은 이미 121만 kL에 이르렀다.

는 폐재 (약 3300의 바이오가스를 이용한 발전소와 공장에 공급)가 이용
되었으며 나머지 21%가 연료로 이용되고 있다.

(2) 바이오연료의 정책

① 세제우대조치 (광물유세)

독일의 바이오디젤은 1999년 이래 광물유세 (mineral oil tax)의 혜
택을 받아왔다. 바이오연료 자체의 광물유세는 면제되어 왔으나 바이
오연료를 일부 혼합한 연료는 화석연료와 마찬가지로 광물유세가 과
세되었다. 그러나 2004년 1월부터는 바이오연료를 혼합한 연료에 대
해서도 그 혼합분만큼 광물유세가 면제되게 되었다. 이후 특히 바이
오디젤 (B5 등)은 수요가 비약적으로 늘어나게 되었다.

그 후, 정부의 재정사정과 석유업계 등의 비판을 받아 2007년 1월
부터는 다음과 같은 새로운 세금제도가 시작되었다.

광물유세 면세조치는 2006년 말을 기해 폐지하고 2007년 1월부터
7년간 단계적으로 과세하여, 7년간에 걸쳐 세제우대조치는 폐지한다.
그 후 바이오디젤 (B100)에 대해서는 2006년 8월부터 1리터당 9유로
센트를 과세하고 2008년부터는 15유로센트로 해마다 과세액을 인상
하여 2012년부터는 45유로센트 (경유와 같은 액 과세)로 한다.

한편, 제2세대 바이오연료, E85 및 바이오가스에 대해서는 2015년
까지 우대조치가 적용된다.

이처럼 세제면의 우대조치를 2007년부터 단계적으로 폐지하는 한
편, 바이오연료 할당법 (biofuel quota act)에 따라 연료판매자에 대하
여 일정 양의 바이오연료 할당률 (쿼터, 열량 환산비)을 의무화했다.

바이오디젤 (B100)에 대해서는 2007년부터 전체 경유의 판매량에
대하여 4.4%의 할당률로 정하고 이를 충족하지 못하는 판매업자에게
는 1리터당 60유로센트의 벌칙이 부과된다. 또 할당률 안에서 판매되
는 바이오디젤에 대해서는 광물유세의 경감조치가 적용되지 않는다.

즉 2011년 말까지의 시행기간 안에 바이오디젤(B100)과 식물유에 대해서는 할당률을 초과하는 분량에 대해서만 광물유세 경감조치가 적용된다.

바이오에탄올에 대해서는 2007년부터 1.2%의 할당률을 의무화하여 매년 0.8%씩 증가시켜 2015년에는 3.6%까지 증가시킨다. 할당률 미달자에 대해서는 역시 1리터당 90유로센트의 벌칙이 부과된다. 또 가솔린에 혼합되는 에탄올의 연료세(65.45유로센트)는 2009년까지 면제되었다.

2009년부터는 바이오에탄올과 바이오디젤을 합한 총할당률(쿼터)도 설정되어 2009년의 6.25%에서 2015년에는 8%까지 확대한다.

그러나 2008년 10월 22일 독일의회는 2009년의 바이오연료법안을 가결했다. 이 법안에는 2009년부터 예정되었던 총할당률 6.25%의 실시를 1년 연기하여 5.25%를 적용한다는 내용이 담겨 있다.

결국 총할당률은 5.25%(2009년), 6.25%(2010~14년)로 되고 2011년에 정부의 조사보고를 바탕으로 재검토하기로 했다. 2015년부터의 정부목표는 바이오연료 할당률뿐만 아니라 환경에 대한 규제가 보다 엄격해져 GHG(온실효과 가스) 배출량 감축에 바탕하게 된다. 할당률 인하 수정에 따라 2009년의 바이오디젤 과세액을 21유로센트에서 18유로센트로 인하했다. 제1세대 바이오연료 도입 베이스를 지연시킨 이번 조치의 이유는(생산업자와 석유업계의 밀고 당김이 있었던 모양이지만) 환경에 보다 친화적인 제2세대 바이오연료가 보급되기까지 시간을 주기 위해서라고 한다(agra eruope weekly, 2008/10/31).

이 밖에 이 법안에는 2009년의 바이오디젤(B100)의 광물유세를 21유로센트에서 18유로센트로 인하하는 것과 팜유나 대두유로 생산되는 바이오디젤은 지속가능성 기준을 충족하지 못하므로 할당률로 카운트하지 않는 내용이 포함되어 있다. 그러나 유럽위원회는 지속가능성 기준은 EU차원에서 2008년 12월에 합의하였으며 팜유와 대두유 등 구체적인 개별요건을 추가 규정하는 것을 반대했다.

표 5-12 바이오디젤에 대한 독일의 광물유세 우대조치 폐지계획

(단위 : 유로센트/L)

연료	2006년 7월까지	2007년	2008년	2009년	2010년	2011년	2012년 이후
바이오디젤[주]	면세	9	14.88	21.41	27.42	33.33	45.66
바이오디젤 혼합경유	면세	47.04	47.04	47.04	47.04	47.04	47.04
식물유[주]	면세	2	9.86	18.46	26.44	33.33	45.06

자료 : 2003년의 EC지령에 따른 국별보고서 (2006, 2007년)를 토대로 작성
주 : 바이오디젤은 지방산메틸 에스테르, 쿼터 (할당틀) 초과분에만 표에 기록한 감면액을 적용

이 법안은 독일 의회의 환경위원회에서 심의 후 퍼블릭 히어링을 거쳐 결정하기로 되었다 (world biodiesel price report, 2008/12/11, 2009/1/29).

> 참고
>
> **2OO9년의 바이오디젤 세액 [1리터당 개산액 (概算額)]**
>
> 경유의 과세액 : 47유로센트
> 총이용률 (바이오디젤의 혼합비율) : 5.25%
> 경유비율 : 94.75%
>
> - 5.25%×47유로센트＝2.5유로센트 …… 쿼터 이내는 전액 과세
> - 94.75%×(47유로센트－30유로센트)＝16.1유로센트 …… 할당률 외의 경우 부분 세율 경감
> - 2.5＋16.1≒19유로센트 …… B5.25의 총과세액

또 자동차수입협회 (VDIK)의 보고서를 받고 2009년부터 예정되었던 E10프로젝트 (E5에서 E10으로의 인상)는 자동차 중에는 기술적 문제가 발생하는 가능성이 있으므로 중지되었다 (문헌 9).

(3) 조사한 제당공장과 인접한 에탄올공장

① 건설배경

혼합가솔린의 에탄올에 대한 연료세 공제조치 (2009년까지)와 에탄올 수입관세 (19유로센트/리터) 보호조치의 존재로, 그리고 잉여설탕 (C당*) 대책을 위해서도 에탄올공장 건설을 2003년부터 계획했다 (2007년부터 조업 계획).

② 원료

원료는 4년계약으로 사탕무 [수확 때는 생착즙 (raw juice), 그 이외는 보존성이 있는 농축즙 (thick juice)과 당밀]을 이용한다. 계약가격은 현재 에탄올 가격 형편상 지불 가능한 최대한의 가격인 25~30유로/톤이었지만 사탕무의 생산자 최저가격은 29.8유로 (2007년도)보다 약간 낮은 편이어서 생산업자에게 있어서는 매력적인 가격이 아니다 (2007년 12월 조사 때).

③ 생산능력

생산 목표량은 13만 kL이지만 조사 때의 계약분은 8만 kL였고, 그 중 5만 kL는 이전의 C당분 사탕무를 이용한다.

④ 열원 · 전력

코제너레이션 (열병합 발전) 이용 (천연가스와 중유를 병용). 조사 당일의 바이오가스 (가스터빈) 발전량은 3 MW였다.

⑤ 부산물

사탕무 펄프에 의한 바이오가스 이용으로 모든 열원과 전력을 공급할 수 있지만 펠릿 (단괴상) 사료쪽이 이익이 크다. 2005년의 단괴상

---

* 낮은 가격으로 수출용으로 생산되었던 설탕. WTO로부터 위법판결을 받아 현재는 C당은 존재하지 않는다.

사료 1톤당 가격은 85유로, 2006년에는 120유로, 2007년에는 180유
로였다.

⑥ 현상 평가

에탄올의 시장가격은 55유로/리터로 저조하여 이익을 내기 어렵
다. 플렉스차의 생산·보급이 늘어난다면 에탄올 수입압력이 거세질
것이라는 불안도 있다. 곡물가격이 급등하고 있어 인근의 곡물이용
에탄올공장이 폐쇄되기도 했다. 제당공장 병설형 에탄올공장의 강점
은 인원, 노하우, 인프라가 있기 때문이다.

(4) 조사한 바이오디젤공장

① 건설배경

6명 (농가 2, 농산물 판매업자 3, 건설업자 1)이 투자하여 설립.
1999~2000년에 걸쳐 환경세가 3유로센트/리터로 낮았기 때문에 바
이오디젤을 생산하기로 결의했다.

2003년에 계획하여 연내에 제1공장을 가동하고 생산된 바이오디젤
을 완매했다. 제2공장은 2005년 12월에 완성되었다.

② 생산제조능력

5.5만 톤. EU에서 4~5번째 규모이고, 독일 전체 생산능력은 500
만 톤 정도이다.

③ 폐액

바이오가스로 이용

④ 제1공장

투자액은 3100만 유로로, 7만 5000톤의 바이오디젤 생산능력이 있
다. 부산물로는 채종박이 10만 톤, 당제 글리세린이 7500톤 (의약품,

화장품용) 생산되고 있다. 원료는 채종 (자사 생산＋인근에 위탁 생산)
을 이용하고 있다. 15만 톤의 채종에서 5만 톤의 식물유와 10만 톤의
박 (粕)을 제조하고 있다.

⑤ 제2공장

투자액은 3500만 유로로, 18만 톤의 바이오디젤 생산능력이 있으
며 정제 글리세린은 2만 톤 규모이다. 원료가 되는 곡물유를 외부조
달하고 있다. 각 식물의 현재 톤당 가격은 대두유가 740유로, 채종유
가 900유로, 팜유는 700유로이다. 원료의 혼합률 (%)은 다음과 같고,
겨울에는 점성 (粘性)이 떨어지는 팜유의 이용을 억제하고 있다.
- 여름 : 대두유 60, 채종유 30, 팜유 10
- 겨울 : 대두유 80, 채종유 15, 팜유 5

⑥ 현상 평가

2008년 1월부터 바이오디젤의 연료세가 9유로센트 가산되어 15유
로센트 (정확하게는 15.1유로센트)로 인상되는 것은 경영상 큰 타격이
되어 이익을 높이기는 어렵다.

재무장관은 원유가격이 상승할 것이라고 믿어 바이오디젤에 추가
과세를 결정했다. 제당공장용으로는 채종박과 대두박을 바이오가스
연료로 이용할 수 있는 길이 있다.

1리터당 바이오디젤과 경유의 공장코스트와 가격은 다음과 같다.
- 경유의 생산코스트 (40유로센트)＋연료세 (47유로센트)＝87유로센트
- 바이오디젤의 생산코스트 (80유로센트)＋연료세 (15유로센트)＝95
  유로센트

(5) 독일 제당공장의 바이오가스 이용

작물 유래의 바이오에너지 이용 중에서도 바이오가스는 에너지효

율이 최고이다. 바이오가스공장은 지방에 분산되어 전력만 이용하고 열은 방출하였지만 오늘날에 이르러서는 도시 근교에 건설되어 전력과 폐열 모두를 이용하고 있다. 농가 폐기물을 연소시켜 체육관 등의 열원으로 이용하는 곳도 있다.

바이오가스와 풍력발전에 의한 전력은 보통 전력보다 높은 가격으로 판매되고 있다. 바이오가스 이용 (셰어는 수%)는 재생가능에너지법과 촉진법 (보조금)에 의해 추진되어 왔다. 조성대상은 전력 (셰어는 10% 정도), 태양광, 바이오가스이다.

사탕무는 에탄올용 이외의 용도에는 보조금이 지불되지 않는다. 2008년에는 법이 개정되어 바이오가스 용도에도 보조금이 지불될 전망이다. 이 때문에 사탕무를 이용한 바이오가스 생산을 계획 중에 있으며 종묘회사에서는 바이오가스용 품종 개발에 힘을 쏟고 있다.

5·15 프랑스의 바이오연료 사정

① 바이오연료정책

프랑스의 농업수산부 담당국장 (2007년 12월)에 의하면 바이오매스 계획 입안은 농업수산부가 주관하고 있으며 바이오연료 생산공장 승인권한도 농업수산부에 있다. 프랑스의 바이오매스 정책의 목표는 ㈎ 지구온난화가스의 감축, ㈏ 에너지 안전보장 (경유는 러시아 등에서 수입, 가솔린은 수출), ㈐ 농업·농촌개발이지만 농업·농촌개발을 주 목적으로 하여 바이오매스정책을 추진하고 있다.

프랑스의 바이오연료정책은 1990년 초반으로 거슬러 올라간다. CAP (공통 농업정책)개혁과 관련된 맥셔리 개혁안의 영향을 상쇄하기 위해 에탄올에 대해서는 1992년에 가솔린의 연료세 감면이 도입되어 1997년까지 계속되었다.

② 바이오연료의 이용 목표

2003년에 발표된 EU지령 (2003/30/EC)을 받아 2005년 가을에 정부는 2010년까지 140만 kL의 에탄올을 생산한다는 야심적인 계획을 발표하여 다음과 같은 바이오연료 이용목표를 설정했다 (F. O. Lihit's, Ehanol Production Cost, A Worldwide Survey에서).

EU의 바이오연료 이용목표는 2010년까지 5.75% (열량환산비)였으나 이 계획은 그보다 2년 앞당겨 2008년까지 5.75%를 목표로 하고 2010년까지는 7%, 2015년까지는 15%로 할 계획이다.

③ 석유제품 소비세 (TIPP)의 감면

화석연료와의 생산코스트 차를 보전할 목적으로 바이오연료에 대해서는 일정 수량 (쿼터)에 관해 석유제품 소비세를 감면 (2005년 이후)하고 있다. 매년 코스트를 산출하여 화석연료 소비세에서의 감면액 (tax incentive)을 결정하고 있다. 2003년 초반에는 재정상의 이유로 1리터당 감면액은 50.23유로센트에서 38유로센트로, 다시 원유가격의 상승으로 2006년에는 33유로센트까지 감면되었다.

2007년 6월 30일 시점의 가솔린 연료세는 1리터당 60.23유로센트, 혼합용, ETBE용 에탄올 소비세의 감면액은 33유로센트로 차이분이 과세액이 된다.

표 5-13 **프랑스의 바이오연료 이용목표**

[단위 : % (열량환산비)]

	2005년	2006년	2007년	2008년	2009년	2010년
목표	1.20	1.75	3.50	5.75	6.25	7.00
실적	0.91	3.63	3.57			

자료 : 2003년 EC지령에 따른 국별 보고서

예산절약상 감면세율이 적용되는 수량 (쿼터)을 매년 결정하며 경감세율은 화석연료 중에 포함되는 바이오연료분에 한해서 적용된다 (초과분에는 통상적인 소비세가 과세). 각 제조자는 정부에 의한 인정을 받아 입찰로 감면율이 배분된다.

표 5-14 프랑스의 바이오연료에 대한 석유제품세 감면액과 감면총액

(단위 : 유로센트/L)

연도	바이오디젤 (지방산메틸 에스테르)	에탄올		바이오연료에 가해지는 전체 감면세액
		직접혼합용	ETBE용	100만 유로
2004	33	37	38	200
2005	33	37	38	196
2006	25	33	33	260
2007	25	33	33	500
2008	22	27	27	

자료 : 2003년 EC지령에 따른 국별 보고서
주 : 감면액이란 화석연료에 부과되는 일반 소비세에서 감면되는 세액으로 클수록 유리. 이
　　감면은 화석연료에 혼합되는 바이오연료에만 적용

표 5-15 프랑스의 석유제품세 감면세율 적용수량 (쿼터수량)

(단위 : 천 톤)

연도	바이오디젤	에탄올	
		직접혼합용	ETBE용
2004	401	12	99
2005	417	72	130
2006	677	137	169
2007	1343	337	224
2008	2478	717	224
2009	2728	867	224
2010	3148	867	224

자료 : 2003년 EC지령에 바탕한 국별 보고서

④ 오염사업 종합세 (환경세) 도입과 감면

바이오연료 이용목표를 2년 앞당김에 따라 2005년의 재정법 (financial law)에 따라 2005년 1월부터 오염사업 종합세 (general tax on polluting activities tax : TGAP)를 도입했다. TGAP는 자동차연료 사업자에 대하여 바이오연료 이용률 (열량환산비)에 비례하여 감면하는 구조로 되어 있다. 바이오연료를 전혀 사용하지 않는 업자에게는 전액 과세된다. 예를 들면 2008년의 바이오연료 이용목표율은 5.75%였고, 이 이용률을 달성했으면 TGAP가 면세된다.

바이오연료에 부여되는 전체 면세액은 해마다 증가하고 있다. 2005년에는 1.96억 유로, 2006년에는 2.6억 유로였고, 2007년에는 2006년도의 약 2배인 5억 유로로 증가했다. 원료가격 상승으로 화석연료와의 가격 차가 확대되어 재정부담액이 급증하고 있음을 엿볼 수 있다. 이러한 가운데 2008년 10월에 고시된 2009년도 예산안에는 TIPP의 감면조치를 2009년 1월부터 2012년에 걸쳐 단계적으로 철폐한다는 것이 포함되었다.

화석연료와 바이오연료의 생산코스트 차를 메우는 세제대책은 단계적으로 폐지한다는 방침이 천명됐으므로 바이오연료 생산자에게는 매우 어려운 상황이 되었다. 다른 한편, 바이오연료 이용목표를 앞당겨, 바이오연료를 이용하지 않는 업자에게는 새로 과세하는 제도를 마련함으로써 바이오연료의 수요 확대를 촉진시키려 하고 있다.

(2) 바이오연료의 원료

① 바이오에탄올

프랑스정부에 의하면 사탕무 (생착즙 또는 당밀)가 위주로 80%, 소맥이 20%이지만 2010년 이후는 사탕무와 소맥이 50%씩 될 것으로 전망하고 있다. 다만, 작금의 소맥 가격 급등의 영향을 받아 소맥 이용이 크게는 증가하지 않을 가능성이 있다 (2007년 12월 조사 시점).

설탕제도의 개혁으로 사탕무를 이용한 에탄올 생산이 증가하고 있다. 사탕무의 주산지는 북동부로, 겨울 소맥, 사탕무, 유량작물(油糧作物) 또는 소맥의 윤작(輪作) 체계로 되어 있다. 바이오연료 원료작물 재배는 채종과 소맥은 프랑스 북부(론강 이북), 사탕무는 북동부에서 재배하고 있다.

반면에 남부에서는 해바라기, 옥수수의 재배가 가능하지만 유망시되지 않고 있다(남부에는 옥수수를 원료로 하는 에탄올공장이 한 곳 있기는 하지만 정치인의 힘으로 건설된 것).

사탕무와 소맥의 에탄올 생산성은 사탕무가 5.7톤/ha, 소맥은 2.6톤/ha로 사탕무가 생산성이 높다.

② 바이오디젤

채종이 대부분인데 해바라기는 10%, 그 밖에 동물유지가 이용되고 있다. 채종의 생산지는 로아르강 이북이고 곡물과 윤작되고 있다.

한편 해바라기는 남부가 주산지이다. 품질의 안정화를 위해 수입 대두유(수요의 10~15%를 수입)를 혼합하고 있다. EU는 디젤차 비율이 3분의 2이고, 앞으로 증가할 전망이므로 채종 이용은 더욱 늘 것이다.

(3) 바이오연료의 공장 개황

프랑스의 바이오연료공장 리스트는 표 5-16과 표 5-17과 같다. ETBE(가솔린 첨가제의 하나) 생산공장 4곳이 있으며, 총 생산능력은 23만 톤(에탄올 환산)인데, 미국의 Lyondell사가 80%, TOTAL사 155%를 점유하고 있다(2007년 12월 조사 시점).

표 5-16 바이오에탄올공장 (프랑스)

(단위 : 천 톤)

공장	생산능력	원료
DEULEP–St Gilles du Gard	32	와인 유래 알코올
SVI–Toury	13	비트
SVI–Ste Emilie	13	비트
ROQUETTE–Beinhem	160	소맥/옥수수
TEREOS–Origny	200	비트
TEREOS–Bucy	42	비트
TEREOS–Artenay	50	비트
TEREOS–Lillers	65	비트
DRC–TEREOS–Morains le Petit	불명	비트
SAINT LOUIS SUCRE–Eppeville	110	비트
BCE–Provins	14	
AB BIOENERGY–ABENGOA–Lacq	200	와인 유래 알코올/옥수수
SOUFFLET–SMBE–Marnay	100	소맥
SICA Vallée du loing	불명	비트
SEDALCOOL–Mesnil St Nicaise	불명	소맥
CRISTANOL 1 et 2–Bazancourt	280	비트/소맥
CRISTAL UNION–Betheniville	불명	소맥
CRISTAL UNION–Arcis–sur Aube	120	비트
BENP–TEREOS–Lillebonne	230	소맥

자료 : 프랑스정부자료 (2007년 12월)

표 5-17 바이오디젤공장 (프랑스)

(단위 : 천 톤)

공장	생산능력	원료
INEOS-Baleycourt-	230	채종
COGNIS-Boussens-	120	채종/해바리기/대두
DIESTER-Venette 1	120	채종/해바리기/대두
DIESTER-Sète	450	채종/해바리기/대두
DIESTER-Venette 2	100	채종/해바리기/대두
DIESTER-Grand-Couronne 1	280	채종/해바리기/대두
DIESTER-St Nazaire	250	채종/해바리기/대두
DIESTER-Nogent-sur Seine	250	채종/해바리기/대두
DIESTER-Grand-Couronne 2	250	채종/해바리기/대두
DIESTER-Coudekerque	250	채종/해바리기/대두
DIESTER-Bordeaux	250	채종/해바리기/대두
TOTAL-Dunkerque	200	동물성 · 식물성유지
NORD ESTER-Dunkerque	150	동물성 · 식물성유지
SICA ATLANTIQUE-La Rochelle	60	채종/해바라기
SARP INDUSTRIES-Limay	80	동물성 · 식물성유지
AIRAS4-SARIA-Montoir	55	동물성유지
ECO MOTION (RVM)-Le Havre	55	동물성유지
BIOCAR-Fos-sur Mer	200	채종/해바라기
SCA pétrole et dérives-Cornille	100	동물성유지
Centre Ouest céréales-Chalandray	120	채종/해바라기
PROGILOR BOUVART-Charny-sur Meuse	60	동물성유지

자료 : 프랑스정부자료 (2007년 12월)

(4) 바이오연료의 이용실태

바이오에탄올의 가솔린혼합률은 5%까지로 제한되어 있다. 이런 사정도 있어 2007년의 소비량은 4만 4000톤 (2006년에는 1만 4000톤)으로 저조했고 ETBE의 소비량은 38만 2000톤 (2006년에는 21만 7000톤)이었다.

에탄올을 직접 혼합한 가솔린은 슈퍼체인의 급유소에서 구입이 가능하며, 에탄올은 석유회사나 유통회사의 보세시설에서 혼합되고, ETBE는 정유소에서 제조되고 있다.

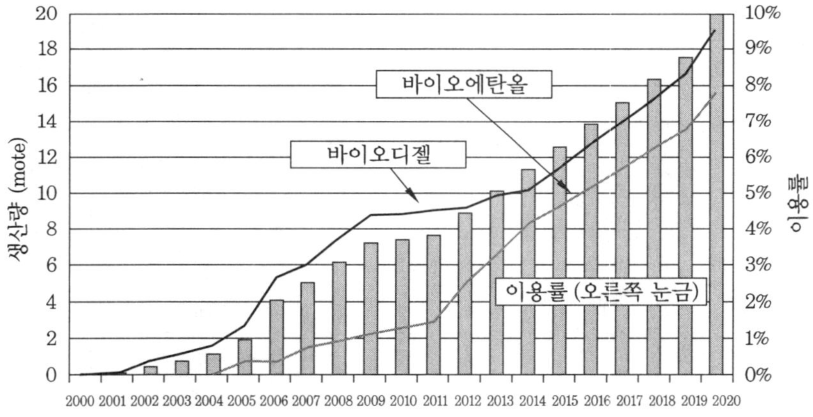

자료 : European Commission, Impact of a Minimum 10% Obligation for Biofuel Use in EU-27 in 2020 on Agricultural Markets, April 2007
주 : mtoe는 석유환산 100만 톤

그림 5-1 바이오에탄올과 바이오디젤의 생산과 이용률 전망

바이오디젤은 2007년까지는 경유에 5%까지 혼합이 제한되었지만 2008년 1월부터는 7%까지 혼합이 인정되고 있다 (다음의 참고 기사를 참조할 것). 2007년의 소비량은 130만 톤 (전년에는 63만 1000톤)이었다.

2007년 가솔린의 바이오에탄올 이용률 (열량환산비)은 3.35% (2006년에는 1.75%), 바이오디젤은 3.63 (2006년에는 1.77%)였고, 바이오연료 전체 이용률은 3.57%(2006년에는 1.77%)였다.

각각 2006년에 비해 약 2배 이용률이 늘어난 것을 알 수 있다 (2007년 국가별 보고서).

참고

바이오연료의 혼합률 인상을 둘러싼 논쟁

프랑스정부는 에탄올 혼합률을 5%에서 10%로, ETBE의 혼합률은 15%에서 20%로, 경유에 대한 혼합률을 5%에서 10%로 각각 인상하는 안을 유럽위원회에 통보했다. 이에 대해 프랑스의 자동차 제조자는 바이오연료를 5% 넘게 혼합하는 경우에는 자동차의 보증문제가 있어 입장을 보류했다.

위원회의 설명에 의하면 체코, 이탈리아, 오스트리아, 스웨덴이 보류(이들 나라는 프랑스에 대하여 10% 혼합요청을 보류할 것, 품질 표준화 프로세스 결과를 기다리도록 요청)하여 2007년 1월 10일 98/70/EC지령에 따르도록 요청했다.

이 때문에 프랑스정부로서는 "슈퍼에탄올 E85(65~85%의 에탄올 혼합)"의 개발을 추진함과 동시에 2008년 1월부터 바이오 디젤의 혼합률을 5%에서 7%로 인상했다.

프랑스에서는 2006년에 플렉스차(FFV)가 승인되어 보급대수는 2000~3000대, E85(실제는 75% 정도)는 약 200개 주유소*에서 급유가 가능하다(2007년 12월 조사 시점).

(5) 환경 영향 평가

바이오연료의 원료작물 재배방법은 식용인 채종, 사탕무, 소맥은 천수재배가 위주이므로 물에 대한 환경문제가 없지만 앞으로 바이오연료로서의 이용이 늘어날 것이므로 환경에 대한 영향을 평가할 예정이다. 채종은 연작장해가 염려되므로 유의할 필요가 있다.

---

* 유럽 바이오매스공업협회(EUBIA)의 2007년 4월 데이터에 의하면 E85의 주유소는 스웨덴이 792곳, 독일이 73곳, 프랑스는 36곳으로 기록되어 있다.

(6) 제2세대 바이오연료

프랑스의 농업수산부는 식료와 경합하지 않는 제2세대 바이오연료에 대해서는 2015년 이후의 활용에 기대하고 있다. 즉 생화학반응에 의한(세균, 산소) 발효개선기술 개발인데, 이에 관해서는 상당한 진전이 엿보인다. 또 셀룰로오스의 합성가스 생성(고압·고열처리 필요한 에너지 효율의 개선)을 통한 연료이용도 기대하고 있다. 또 NIEL사는 스웨덴과 목재이용을 공동 연구하고 있다.

5·16 10% 혼합의무에 따른 농업시장의 영향

유럽위원회는 바이오연료 10% 이용 의무화로 2020년 농업시장에 미칠 영향을 2006년의 상황과 비교분석한 리포트를 발표했다. 이 분석은 2007년 3월 시점의 농업정책을 전제로 하고 있으며, 제2세대 바이오연료의 비율(2020년)이 30%와 20%의 두 시나리오로 분석되고 있다. 이 리포트에 의하면 바이오연료 이용은 2012년경부터 제2세대 바이오연료 생산이 궤도에 오르고 이용률이 더욱 늘어나 2020년에는 10% 목표를 달성하는 것으로 되어 있다.

2020년까지의 바이오연료 수요 증가가 예상되는 속에 다음에 기술하는 몇 가지 농업생산과 시장동향이 고려되었다.

(개) 앞으로 곡물, 채종, 사탕무의 단수는 이제까지의 연율 1~2%의 성장을 약간 웃돌 것으로 전망된다.

(내) 예측기간 후반에는 EU의 식육소비가 인구 감소로 과거에 비해 둔화하고 EU 역내의 사료수요도 떨어져 보다 많은 토지가 바이오연료용 원료생산에 이용될 수 있을 것으로 전망된다.

(대) 제2세대 바이오연료는 단위 면적당 생산하는 에너지량 증가에 이어지므로 보다 적은 토지에서 효율적인 생산이 가능할 것으로 예상된다.

표 5-18 **10% 혼합의무에 의한 에너지 작물의 수급전망 (2020년)**

원료		생산	역내소비량			수출	수입
		100만 톤	계 (100만 톤)	그 중 바이오연료용		100만 톤	100만 톤
				%	100만 톤		
곡물		317.30	311.72	19	58.99	16.46	10.90
	연질소맥	156.59	138.95	31	43.06	22.64	5.00
	옥수수	69.18	70.18	20	14.18	1.50	2.50
설탕		16.95	19.07	12	2.34	0.00	2.12
유량종자		33.41	64.84	2	1.10	0.30	39.97
	채종	20.67	32.83	65	21.21	0.10	12.26
	대두	3.46	20.99	38	7.88	0.00	17.53
식물유		18.70	15.13	61	9.87	3.84	1.16
	채종유	11.00	7.76	92	7.11	3.33	0.09
	대두유	3.64	2.62	52	1.37	1.82	0.80

자료 : European Commision, Impact of a Minimum 10% Obligation for Biofuel Use in EU-27 in 2020 on Agricultural Markets, April 2007을 바탕으로 작성

　2020년에는 곡물 생산량의 19%(5900만 톤)가 바이오연료로 되고 연질소맥이 원료의 절반을 차지하며 생산량의 31%(4300만 톤)가 바이오연료 생산에 사용될 것으로 예측된다. 유럽위원회는 별도로 2014년의 곡물수급도 예측하고 있으며 2014년의 곡물생산량은 3.06억 톤이고 소비량은 2.86억 톤, 바이오연료용은 1840만 톤, 수출은 2890만 톤, 수입은 1100만 톤으로 잡고 있다. 이 무렵에는 바이오연료 증산이 발전도상의 시기이므로 바이오연료용은 적고, 수출분에서의 전용도 한정적일 것으로 전망하고 있다.

　리포트 안에는 바이오연료에 의한 곡물수요 증가 추세에서 밸런스를 잡기 위한 플러스 요인으로 ㉮ 곡물의 단수 증가 (연율 1% 정도의 증가), ㉯ 휴경지에서의 작부 증가, ㉰ 곡물 수출의 장기적 감소 (수출분에서의 전용 증가), ㉱ 바이오에탄올 부산물 (DDG)의 이용 증가를

들 수 있다. 식물유에 대해서는 2020년에는 생산량의 61%(987만 톤)
가 바이오연료용으로 쓰일 것이며 특히 채종유의 바이오연료용 비율
은 생산량의 92%(711만 톤)에 이를 것으로 예측하고 있다.

EU에서는 바이오디젤의 부산물(채종박, 대두박 등)을 가축 사료로
이용하는 것이 가장 효율적이고, 바이오디젤의 증산과 함께 부산물의
생산도 늘어나 그 가격이 크게 떨어지고 있다. 바이오에탄올의 증산
으로 곡물가격의 상승(사료가격의 상승으로 이어진다)이 예상되지만
채종박 등의 이용으로 사료 코스트 상승 영향이 부분적으로 상쇄될
것이라고 한다.

표 5-19 2020년의 바이오연료 원료 내역

(2020년의 제2세대 바이오를 바이오연료 전체 수급의 20%로 상정한 경우)

	바이오에탄올			바이오디젤		
	mtoe	만 톤		mtoe	만 톤	
제1세대 바이오연료 생산량	5.48	2700	곡물	3.37	1000	(채종)
제2세대 바이오연료 생산량	3.45	1100	곡물	5.25		
수출용에서의 전용	3.19	1400	곡물	0.45		
역내 다른 용도의 것을 전용	2.14			4.89	1810	(채종, 해바라기 종자, 대두)
수입분	1.30	200	에탄올	5.08	1000	(채종, 해바라기 종자, 대두, 팜)
사탕무	0.98			−	−	−
계	16.54			19.04		

자료 : European Commision, Impact of a Minimum 10% Obligation for Biofuel Use in EU-27 in 2020 on Agricultural Markets, April 2007을 바탕으로 작성

주 : mtoe는 석유환산 100만 톤

  바이오에탄올의 원료내역 예측(표 5-19)에 있어서는 석유로 환산한 생산 베이스로, 곡물 유래의 제1세대 연료가 약 30%, 수출용에서의 전용이 약 20%, 역내의 다른 용도로부터의 전용이 약 10%로 예상하고 있다. 이 예측의 전제로, 아직 연구개발 도상에 있는 제2세대 바이오연료 비율을 20%로 상정하여 예측한 것이지만 상업베이스의 생산이 지연된다면 수급 밸런스가 무너지게 된다.

  바이오디젤도 마찬가지인데, 바이오에탄올에 비해 보다 많은 수입과 제2세대 바이오여료의 원료생산을 전제로 예측하고 있다. 수입 바이오연료의 셰어는 20%를 예상하고 있으며 그 중 절반이 유량(油糧) 종자와 식물유를 원료로 하는 제1세대 바이오디젤이 차지할 것이라고 상정하고 있다.

  2008년 12월 유럽이사회에서 합의한 내용에는 "10%의 의무목표"는 바이오연료에 한정하지 않고, 수송부분의 재생가능 자원을 사용한 전력, 수소 등 폭넓은 재생가능에너지도 카운트하도록 되어 있으며, 이것도 제2세대 바이오연료와 마찬가지로 실용화에는 몇 가지 과제가 있다.

  토지에 대한 영향에 관해서는 ㈎ 약 15%의 경작지(1750만 ha)가 제1과 제2세대 바이오연료 원료생산에 이용된다, ㈏ 제1세대 바이오연료 원료생산을 위해 약 500만~700만 ha(전 경작지의 6% 정도)의 새로운 토지가 필요하다고 예측하고 있다. 또 휴경의무의 폐지(작부 자유화)로 경쟁력 있는 유량 종자 작부가 증가할 것으로 예측하고 있다.

  표 5-20은 제2세대 바이오연료의 비율을 20%로 잡은 경우의 분석인데, 30%로 한 경우에는 BTL*(바이오매스 액화연료) 생산에 필요한 토지가 170만 ha에서 330만 ha로 늘어날 것으로 예측하고 있다.

---

  * BTL이란 biomass to liquid를 이르는 것으로, 바이오매스의 열분해가스를 FT(fischer tropsch)법으로 합성하여 얻는 액체 연료이다.

표 5-20 바이오연료의 원료별 토지이용 예측

(2020년의 제2세대 바이오연료가 바이오연료 전체 수급의 20%로 상정한 경우)

(단위 : 100만 ha)

	2006년		2020년	
	에탄올	디젤	에탄올	디젤
곡물	0.9	–	7.1	–
제2세대 원료	–	–	5.2	–
유량종자	–	2.1	–	2.9
사탕무	0.1	–	0.6	–
BTL (바이오매스 액화연료)	–	–	–	1.7
계	1.0	2.1	12.9	4.6
바이오연료 이용합계 면적	3.1		17.5	
전 경작면적에 대한 비율	3%		15%	
휴경지 (의무적 휴경지, 유휴지)	7.2 (6%)		4.7 (4%)	
기타	36.9 (32%)		36.6 (32%)	

자료 : European Commision, Impact of a Minimum 10% Obligation for Biofuel Use in EU-27 in 2020 on Agricultural Markets, April 2007을 바탕으로 작성

이처럼, 10% 혼합 의무화는 도지 전체의 제약을 크게 제한하는 것이 아니고, 의무적 휴경지 (신규 가맹국 등)에서의 증산 가능성을 시사하고 있다.

5·17 어려움을 더하는 EU의 바이오연료 사정

유럽위원회는 전술한 2007년 4월의 리포트에서 바이오연료의 10% 혼합 의무화에 따른 농산물 생산과 토지에 대한 영향을 보통 정도라 보고 있다. 분명히 EU가맹국은 현재 27국으로 확대되었고 농산물 작부와 단수의 확대 여력은 미국에 비하여 높은 편이다. 하지만, 미국보다 연구 개발이 뒤처졌다고 하는 제2세대 바이오연료의 상업적 이

용을 20~30%나 견적하고, 제1세대 바이오연료의 원료작물 용도 전환분과 수출용을 전환하는 분도 포함된, 불확실한 요소를 다분히 포함한 예측인 것 같다.

곡물을 이용한 에탄올 생산 증가가 전망되는 가운데, 2006년 후반부터의 곡물가격 상승은 바이오연료 공장경영에 나쁜 영향을 미쳐 2007년 12월 조사 시점에서는 실제로 공장의 건설 연기와 폐업사례도 들을 수 있었다. 식물유의 가격 상승으로 바이오디젤의 생산 영향도 나타나고 있다. 소맥은 2008년에 큰 풍작이 예상되어 2008년 초반부터 국제가격이 크게 떨어졌으므로 플러스재료가 나타나고 있으나 (그러나 EU의 소맥을 원료로 하는 에탄올은 코스트가 높다는 부담을 안고 있다) 원료 가격 변동에 대해서는 생산자와의 장기계약 등으로 완화하는 대책 등이 필요할 것 같다. 또 공장측이 원료를 안정적으로 확보하기 위해서는 사탕무와 소맥의 원료가격을 설탕과 사료가격에 비해 어떻게 매력적인 가격을 생산자에게 제시하느냐에도 달려 있다.

바이오연료 생산에 있어서 최상급의 지위를 확보하고 있는 독일과 프랑스에서도 최근 몇 해 사이에 바이오연료 생산의 기폭제가 되었던 연료세 등의 세제 우대조치가 단계적으로 철폐되는 방향성이 제시되었다. 대신에 바이오연료 이용을 의무화하는 방향으로 전환하고 있는데, 세제우대가 폐지된다면 바이오연료 생산 신장이 둔화될 가능성이 있다.

특혜관세제도와 B99문제로 바이오디젤, 바이오에탄올 모두 수입이 늘어나고 있다. 가맹국에 대한 바이오연료 지원책과 플렉스차의 보급으로 수요확대가 추진된다면 EU산의 바이오연료가 아닌 값싼 제3국의 바이오연료 수입이 더욱 증가할 가능성도 생각할 수 있다.

바이오연료의 수입 증가로 역내의 바이오연료 공장 가동률이 떨어져 2007년에는 생산능력이 60%밖에 이용되지 못했다는 보고 (문헌 26)도 있다.

유럽의회는 2008년 12월에 지속가능성기준의 골격에 합의하여 앞으로 GHG(온실효과 가스) 배출량 규제와 원료생산지 등의 환경기준을 준수하지 않으면 각 가맹국의 지원조치를 받을 수 없게 된다. 그러나 아울러 수송부문에서 일정 양의 바이오연료 등의 재생가능에너지 이용의무(10% 혼합)가 결정되었으므로 제1세대 바이오연료의 생산은 확대기조로 옮겨 갈 전망이다.

앞에서와 같이 EU의 바이오연료 정책은 바이오연료의 세제대책에서부터 이용의무화로(브라질과 유사), 다시 환경기준의 엄격화로 시프트되게 되었다. 이로써 역내에서의 바이오연료 생산 신장은 둔화될 가능성이 있지만 다른 한편, 바이오연료를 포함한 재생가능에너지 이용률이 높게 설정되었으므로 역내 생산(제2세대 바이오연료를 포함)이 감소된다면 가맹국은 10% 이용률을 달성하기 위해 현재도 수입이 증가하고 있는 브라질산 등의 바이오에탄올 수입을 더욱 증가시키지 않으면 안 되게 된다.

그러나 지속가능성기준의 기본합의를 받아 환경을 희생하면서까지 생산한 바이오연료를 수입하는 것은 어렵다는 사실에 유의할 필요가 있다.

기대한 제2세대 바이오연료의 상업생산이 언제 궤도에 오를 것인지, 곡물과 사탕무 등의 현행 용도로부터의 전용이 유럽위원회의 예측대로 진행될 것인가의 여부, GHG의 배출규제 영향은 바이오연료 역내 생산에 어느 정도의 영향을 미칠 것인가 등, 2007년 유럽위원회서의 시나리오 분석상 많은 전제조건이 불투명한 상황에 있으며 토지와 농업시장에 주는 영향도 이로 인해서 크게 변할 수 있다.

어쨋거나 EU의 바이오연료를 둘러싼 내외의 어려운 상황은 당분간 이어질 전망이다.

제6장

바이오에탄올 수출국, 태국의 실정

 바이오에탄올 발전과정과 정책

태국은 자국 내에 유전(油田)을 소유하지 못하고 수입에 의존했었다. 1979년 태국의 국가에너지정책 위원회 보고에서는 그 당시 국내에서 사용되는 에너지 중 72.4%가 원유에 의한 것이었고, 그 모두를 해외에서 수입한 것이라고 했다. 이 무렵부터 대체연료의 필요성이 제기되었지만 현실적인 계획은 실시되지 못했다.

그 이후, 1985년부터 왕실에 의해 당밀을 원료로 하는 에탄올 시험제조가 실시되고, 2003년부터 MTBE (methyl tertiary butyl ether)의 대체품으로 바이오에탄올의 생산·이용을 추진하기 위한 전략이 시작되었다.

태국 바이오연료의 특징은

㈎ 수출 농산물인 사탕수수(당밀)와 카사바를 바이오에탄올의 원료로 사용할 수 있고,

㈏ 특히 카사바 재배농가는 경작조건이 불리한 지역에서는 빈농이 많으므로 빈곤 해소에 기여하며,

㈐ 세제면에서의 지원과 태국석유공사 (PTT)를 중심으로 하는 업계의 협력이 뒷받침하며,

㈑ 국내의 휘발유 소비량이 적기 때문에 수출할 수 있는 여력이 있는 점 등을 들 수 있다.

태국의 수송용 연료 소비량은 선진국이나 여타 바이오에탄올 주요 생산국에 비하여 매우 적어 2006년도의 가솔린 소비량은 722만 kL에 불과했다. 이러한 사실은 가소올 (에탄올이 첨가된 가솔린)의 보급을 위한 국내 인플라 투자가 적은 금액으로도 가능하고 원료 확보문제도 해결되어 생산이 본격화된다면 바이오에탄올 수출국으로서의 성장도 기대할 수 있음을 의미한다.

태국은 식량과 경합하는 원료를 사용하지 않으며, 농업협동조합부, 공업부, 에너지부 등의 정부기관에 의해서 원료에서 세제대책까지 지원이 이루어지고 있다. 또 석유업계의 협력도 얻기 쉬운 환경이 조성되어 있으므로 아시아 여러 나라 중에서는 바이오연료 생산진흥이 가장 원활하게 추진되고 있는 나라라고 할 수 있다.

(1) 바이오에탄올 생산 경위

태국의 바이오에탄올 생산은 1985년부터 왕실(王室) 주도로 추진되기 시작했다. 그러나 경제성 문제로 인하여 일시 상업적 차원에서의 제조가 중지되는 등 우여곡절을 겪었다.

2001년에는 연료 에탄올의 물품세가 면세되는 등 에탄올 생산진흥책이 정비되고, 2005~06년에는 에탄올공장의 증가와 가소올의 생산·보급이 정상 궤도에 올랐다.

(2) 바이오에탄올 추진책

① 이용 목표수량 설정

바이오에탄올 추진을 위해 사탕수수를 원료로 하는 에탄올의 생산진흥책(2003년 11월 25일) 및 목표로 하는 에탄올의 수요량(2003년 12월 9일)이 각각 각의에서 의결되었다. 구체적인 에탄올 이용목표량은 2006년까지 1일 1000 kL, 2011년까지는 1일 3000 kL로 정했다.

그 후 에너지부는 가소올의 이용목표를 2007년까지 8000 kL/일, 2011년까지 20000 kL/일로 결정했다.

② 하이옥탄가 가솔린에서 가소올로 전면 전환

탁신 전 총리시대인 2007년 1월 1일부터 MTBE를 첨가한 옥탄가 95가솔린(하이옥탄가솔린)을 전량 E10으로 대체키로 결정하였지만 불안정한 잠정정권, 에탄올의 생산 부족, 많은 수량의 구식 자동차 등으로 인하여 E10으로의 전면 대체는 순연되었다.*

(3) 세제와 기금면의 우대조치

태국의 바이오연료 진흥책은 판매가격을 화석연료보다 경쟁력을 갖도록 하는 데 주안점을 두고 있다. 화석연료에는 공장도(정유) 가격에 연료세, 지방세, 석유기금(oil fund), 보전기금(conservation fund)이 부과되지만 가소올과 바이오디젤에 대해서는 각각 대폭 감세 혜택을 주고 있다.

2008년 9월 12일자 방콕 시내의 가소올 소매가격은 리터당 8~9바트(240~270원) 정도로 저렴했다. 원유가격의 인상으로 가소올의 판매량을 늘리기 위해 여러 가지 혜택을 부여함으로써 가격면에서 화석연료보다 유리하도록 조정한 결과였다. 참고로 2007년 3월 1일 시점의 가소올과 가솔린의 가격차는 1.5바트에 불과하였으나 같은 해 12월 20일 시점에서는 3.5~4바트로 벌어졌다.

참고가격

가소올의 보급촉진과 수출을 감안한 가격경쟁력 강화를 위해 이제까지의 코스트 계산방식을 바꾸어, 2007년 2월 6일부터 브라질의 에탄올 수출가격에다 태국까지의 수송비, 보험료, 관세 등을 더한 가격을 소매가격(태국에서의)의 참고가격(reference price)로 설정했다.

참고가격의 설정으로 에탄올 가격은 설정 전의 25.3바트/리터에서 19.33바트/리터로 크게 떨어졌다. 그 후에도 에탄올의 판매가격은 브라질의 에탄올 가격 하락에 따라 가격이 계속 떨어지고 있으며, 2007년 4분기에는 1리터당 15.29바트까지 떨어졌다.

---

* PTT에 의하면 1995년 이후에 생산된 자동차는 가소올 사용에 아무런 문제가 없지만 그 이전의 자동차(약 500만대로 추정)는 부품 부식 등의 문제가 있어 실증실험이 필요하다는 견해가 있다.

표 6-1　태국의 바이오에탄올 산업 발전사

1974년	추라론곤대학 공학과가 에탄올을 포함한 대체연료에 관한 조사를 시작
1981년	재무부가 에탄올플랜트 (카사바)의 시작 (試作)을 승인
1985년	왕실 지원으로 바이오연료 프로그램 시작·태국석유공사 (PTT)를 포함한 2개시가 가소올 판매를 시작하였으나 가솔린과의 가격 차 때문에 판매를 중단
1986년	치트랄레이다 왕실 프로젝트 (the royal chitralada project)가 승인되어 왕실 안에 시험용 에탄올플렌트 (당밀원료)를 건설 (1 kL/일). PTT도 순도를 높여서 2~3개소에서 판매하였으나 역시 가격 문제로 중단
1996년	잉여농산물의 유효 활용 MTBE의 대체 등을 목표로 왕실 프로젝트로서 바이오에탄올 혼합 가솔린의 검토를 시작. 시린톤 공주에 의해 태국 최초의 가소올 가솔린스탠드를 왕궁 내에서 영업. 1999~2000년에 실용화 연구를 재개
2000년	왕실 프로젝트로 에탄올 프로그램이 입안되어 에너지 정책을 제정
2001년	왕실부지 안에서 바이오에탄올 제조 (당밀원료) 재개 (1월). 민간에 의한 제조로 (12월) 바이오연료 보조금 지급. 이 밖에 세금 감면조치 등 제정
2002년	8개 민간회사에 에탄올 생산을 허가
2003년	각의에서 옥탄가 95 가솔린에 대한 첨가제인 MTBE의 대체물로 가소올 이용을 촉진하기 위한 정책을 승인
2006년 11월	2007년 1월 1일부터 옥탄가 95의 가솔린을 가소올로 완전 대체하는 계획을 연기
2007년 1월	에너지부는 소비자의 가소올 이용을 촉진하기 위해 고옥탄가 가솔린 (가솔린 95)과 E10의 가격 차를 1.5바트로 설정
2007년 2월	가소올의 판매촉진과 수출시장에서의 가격경쟁력 향상을 위해 에탄올의 시장가격을 브라질의 에탄올 수출가격에 바탕을 둔 '참고가격'을 적용하는 방식으로 전환
2007년 3월	에너지부는 가소올의 석유기금 부과금을 인하함으로써 고옥탄가 가솔린과 E10의 가격 차를 2.5바트로 넓혔다. 레귤러 가솔린과 E10의 가격 차는 2바트로, 3월 17일부터 발효

2007년 4월	에너지부는 가소올에 대한 소비자들의 불안감을 불식하기 위해 가소올의 안전성을 호소하는 캠페인을 시작. 매스컴, 옥외광고 등으로 대대적으로 광고
2007년 10월	재무부는 E20 시방차에 대한 수입관세 인하를 발표. 2008년 1일부터 발효
2007년 12 월	에너지사업국장이 가소올의 안정공급을 도모하기 위해 연간 10만 톤 이상의 원유를 취급하는 업자에 대하여 연간 원유사용량 대비 5%의 에탄올 비축의무 정책을 시사. 사료생산자협회는 정부에 대하여 대체 연료에 의한 카사바 수요 증가에 대처하기 위해 인근 각국에서 50만~100만 라이의 사료 작물 재배 정책 추진 및 GMO (유전자조작 농작물)의 생산허가를 요청
2008년 1월	방콕 및 근교의 15개 가솔린 스탠드 [태국 석유공사 (PTT), 방짝 석유회사 (BPC)]에 의해서 E20의 판매를 시작. 가격은 고옥탄가 가솔린보다 6바트 싸게 책정. 같은 달의 E10은 약 22만 kL (지난해 같은 달에 비해 약 2배)
2008년 2월	E85의 판매를 시작

　조사 당시 방문한 에탄올공장 (원료는 당밀)의 1리터당 에탄올의 공장도가격은 19바트였으며, 이 가격은 적정한 가격수준이라는 의견이 있었다 (2007년 1월). 그러나 참고가격 적용 전의 가소올 (E10)의 소매가격은 약 25바트로, 그 차는 6바트에 불과했다. 6바트로 유통마진, 수송비 등을 커버해야 하므로 마진은 각박한 것으로 예상되었다.

표 6-2　에탄올의 참고가격 설정 후의 가격 추이

4분기	에탄올가격 (바트/리터)
2007년 1분기 (1~3월)	19.33
2007년 2분기 (4~6월)	18.62
2007년 3분기 (7~9월)	16.82
2007년 4분기 (10~12월)	15.29

자료 : 에너지부

표 6-3 바이오연료의 가격 구성(2008년 9월 4일 기준)

(단위 : 바트/리터)

가격	세금 등	고옥탄가 가솔린		레귤러 가솔린		디젤	바이오 디젤
		(가솔린 95)	(E10)	(가솔린 91)	(E10)		(B5)
공장매도가격		23.84	23.46	23.41	23.27	27.14	27.23
	연료세	3.69	0.02	3.69	0.02	0.01	0.09
	지방세	0.37	0	0.37	0	0	0.01
	석유기금	3.75	0.55	3.3	0.05	0.4	−1
	보전기금	0.75	0.25	0.75	0.25	0.25	0.25
도매가격		32.4	24.28	31.52	23.58	27.79	26.58
	VAT (부가가치세)	2.27	1.7	2.21	1.65	1.95	1.86
	유통마진	2.83	2.63	2.4	2.58	2.53	3.08
	유통마진의 VAT (7%)	0.2	0.18	0.17	0.18	0.18	0.22
소매가격		37.69	28.79	36.29	27.99	32.44	31.74

자료 : USDA (2008), GAIN REPORT, Price Structure of Petroleum Products in Bangkok, September 12 2008

기타

　에너지부에 의하면 위에 기술한 지원책 외에 에탄올 제조자에게는 법인소득세 면제(8년간)와 에탄올 생산에 필요한 수입 기자재의 수입 관세도 면제되었다. 또 2004년 말부터 국가의 공용차는 예외없이 가소올 사용을 의무화하고 있다.

6·2 에탄올 생산과 소비 현황

에탄올 생산은 2006년 1월에 하루 370 kL였던 것이 2007년 11월에는 590 kL로 무려 60%나 증가했다. 그러나 2007년 1월부터 고옥탄가의 전면 이용금지 (E10으로 전면 대체) 시책이 연기되자 2007년 6월에는 일시적으로 하루 280 kL로까지 생산량이 떨어지기도 했다. 그 후에는 정부의 가소올 이용 장려정책이 효력을 발휘하여 에탄올 이용량이 증가함에 따라 2007년 9월의 생산량은 하루 690 kL에 이르러 회복기조로 전환되었다.

2008년 11월 현재 에탄올 생산허가를 받은 공장수는 47곳에 이르고 총생산능력은 1일 약 1200 kL이지만 실제로 가동하고 있는 에탄올 생산공장은 9곳 (1일 총생산능력은 1600 kL)에 불과하다.

가동중인 공장의 원료는 카사바를 원료로 사용하는 1개 공장 (1일 생산능력은 130 kL) 이외에는 대부분이 사탕수수의 당밀이다. 당밀을 원료로 쓰는 공장의 1일당 생산능력은 1400 kL이다. 2008년 10월 기준 에탄올은 공급과잉 상태이고 가동공장의 가동률은 약 60%였다. 건설중인 12개 공장의 주요 관심사는 에탄올 과잉 문제이다.

바이오에탄올의 원료로서 2009년은 카사바를 원료로 하는 에탄올 생산의 증가가 예견되고 있다. 농업협동조합부 농업경제국에 의하면 2008~09년의 카사바 생산량이 30% 증가할 것으로 예측하고 있다. 옥수수 가격은 2008년 후반부터 하락추세이지만 반면에 카사바는 타피오카 (tapioca) · 칩스 (chips)와 녹말의 해외수요가 늘어남에 따라 상대적으로 가격이 매력적이 되었다. 이 때문에 특히 동북부에서는 가격이 저렴한 옥수수 재배를 포기하고 카사바로 전작하는 추세에 있다.

카사바의 에탄올 수요는 현시점에서는 얼마 되지 않지만 (50만~100만 톤) 앞으로는 카사바를 이용한 에탄올 수요가 확대되는 추세에서

고수확 품종 육성과 농가의 비배관리로 카사바의 수확은 크게 증가할 전망이다.

표 6-4 **가동 중인 에탄올공장(2008년 5월 21일 현재)**

회사명	원료	생산능력 (L/일)	평균생산실적 (L/일)
1. Ponwilai	당밀	25000	–
2. Thai Alcohol	당밀	200000	104381
3. Thai Agro Energy	당밀	150000	109842
4. Thai Nguan Ethanol	카사바	130000	–
5. Khokean Alcohol	사탕수수/당밀	150000	129551
6. Thai Sugar Ethanol	사탕수수/당밀	100000	102520
7. Petro Green	사탕수수/당밀	200000	162757
8. K.I. Ethanol	사탕수수/당밀	100000	89029
9. Ekarat Pattana	당밀	200000	–
10. Thai Ruangruong Energy	사탕수수/당밀	120000	28280
11. Petro Green	사탕수수/당밀	200000	160653
합계		1575000	887013

　태국정부에 의한 2012년 전망에서는 카사바의 생산량이 3400만 톤, 그 중에서 녹말용이 1500만 톤, 칩스와 펠릿(pellet)용이 1000만 톤, 에탄올용이 900만 톤으로 계산하고 있다. 카사바의 재배면적은 거의 증가하지 않는 경향이므로 앞으로 증가가 예상되는 에탄올 수요에 대처하기 위해 비배관리 향상 등에 의한 수확 향상이 불가결하다.

　현재의 수확은 1라이(1.6 ha)당 3.8톤이지만 이것을 2008년에는 4.7톤까지 증가시킬 필요가 있다. 최근에는 대중국 칩스용 수요가 급증하고 있으므로 에탄올용 수요와의 균형도 중요할 것으로 보인다.

이미 2006년에 에탄올 생산성이 높은 '라욘 9호'라는 품종이 육성되고 있으며 태국 동북부와 나콘라차시마주에서도 재배되고 있다.[*]

태국정부가 2007년부터 가솔린에 에탄올을 10% 혼합한 E10 (가소올)의 생산과 이용에 노력한 결과 4분기부터 가소올 소비가 급증하였으나 현재는 과잉상태에 있다. 이 때문에 에탄올 생산공장은 그 타개책으로 수출을 시작했다. 2007년 최초 로트의 350 kL가 수출되었다. 이 중의 약 88%는 싱가포르에 수출되었다.

표 6-5 태국의 자동차 연료 소비동향

(단위 : 만 kL)

연도	가솔린		가소올	
	레귤러	하이옥	레귤러	하이옥
2003	445	308	0.0	0.0
2004	463	297	0.0	1.5
2005	432	224	2.9	64.6
2006	446	147	9.4	118.5
2007	447	111	24.4	151.9

자료 : 에너지부
주 : 레귤러 가솔린은 '가솔린91', 하이옥 가솔린은 '가솔린95'라고 한다.
　'가소올'은 에탄올이 첨가된 가솔린

생산규모는 브라질과 미국에 미치지 못하지만 수풀품인 설탕의 원료인 사탕수수와 녹말 등의 타피오카 제품 원료인 카사바의 두 원료를 사용한 에탄올 생산이 궤도에 오른다면 에탄올 생산의 안정성이 제고된다. 또 공장의 가동기간 장기화를 도모하기 위해 사탕수수의 착즙액과 당밀을 병용하려는 공장도 나타나기 시작했다.

---

[*] 카사바 1톤에서 에탄올 생산량은 보통 160~180리터 정도이지만 라욘 9호는 녹말 함유율이 높기 때문에 200리터 정도의 생산이 가능하다.

6·3   에탄올과 가소올의 유통사정

에탄올은 보통 석유회사의 탱크로리로 혼합시설 또는 혼합시설을 갖는 정유소로 운반되고, 거기서 가솔린과 혼합된 다음 가소올 대응의 가솔린 스탠드로 배송된다. 태국에서 혼합시설을 가지고 있는 블렌더는 7개사 (2007년 1월 시점)였다. 2006년 6월에는 태국 전국에 가소올을 판매하고 있는 급유스탠드가 3157개소였으나 2007년 8월에는 13.78% 늘어나 3592개소로 증가했다.

2007년 12월 현재, 가소올91 (레귤러 가솔린의 E10)은 태국석유공사 (PTT), 방짝석유회사 (BPC), 쉘사가 판매하고 있다.

6·4   E20의 실용화와 E85

2007년에 E10 판매가 급증하자 그 해 12월 3일 에너지 정책위원회의에서 2008년 1월부터 E20을 판매하기로 결의했다. 그리고 E20 판매가격을 E10 (E10보다 1바트, 하이옥탄가 가솔린보다 5바트 싼 가격으로 설정했다 (현재는 E10보다 2바트, 하이옥탄가보다 6바트 저렴).

2008년에 판매되는 E20 대응차는 6만대로 추정되며 E20 수요량은 1일당 35 kL 소요될 것이므로 태국정부는 방콕 및 근교에 15개의 가솔린스탠드 (PTT가 10, BPC가 5)에서 판매함으로써 수요를 감당할 수 있을 것으로 믿고 있다.

에너지부는 2008년 1월부터 E20 시방차의 수입관세를 5% 인하하기로 결정했다. 현재 대형 자동차 메이커 수개사가 E20 시방차를 판매하고 있으며 2007년 12월에 열린 모터쇼에서도 E20 시방차가 관심을 끌었다.

태국정부는 또 E20의 다음 단계로 E85 시방차 개발을 위해서는 적어도 3~4년의 기간이 필요할 것이라고 한다. 그러나 정부는 3년을 앞당겨 2008년 4분기부터 판매한다고 발표했다 (실제로는 2008년 9월부터 판매). 이런 사정으로 E85 시방차 제조자에 대한 세제면의 우대조치와 E85 대응차 소비세의 감면 조치를 검토하기로 했다. 태국정부에 의하면 2011년까지는 1일 에탄올 소비량이 현재의 약800 kL에서 3배인 2400 kL로 늘어날 것으로 예측하고 있다.

6·5 에탄올산업과 설탕산업의 관계

태국의 에탄올산업은 이제까지 주로 설탕산업의 부산물인 당밀을 이용하여 에탄올을 생산해 왔다. 이 때문에 설탕산업과의 관련성이 강하다. 설탕공장은 2007년 1월 조사 때 46곳 (가동 중인 곳은 45곳)으로 세계 4위의 설탕수출국이다.

태국의 설탕산업은 약 10만 명의 사탕수수 농가 이외에 사탕수수 작부, 수확, 적재, 운반 등의 많은 작업자 (총 고용인력은 약 150만 명)에 의해서 처리되고 있다. 사탕수수와 카사바 모두 물 사정이 열악한 동부지역과 중부지역 등에서 재배되고 있으며, 관개시설이 정비된 곳에서는 쌀, 야채 등이 재배되고 있다.

태국의 제당 관계자는 "사탕수수 및 설탕법 (1984년에 제정)"에 의해서 사탕수수 가격, 설탕판매량, 공장과 농가 수익 등이 규정되어 있으므로 공장 신설과 확장을 자유로이 할 수 없는 상황에 있다. 농가수입에 관해서는 당밀을 포함한 이익을 공장 3, 농가 7의 비율로 분배하도록 되어 있으나 에탄올 수입분은 해당법률 적용 밖에 있어 현재 생산자와 공장간 논쟁이 되고 있다.

이처럼 에탄올 원료인 당밀은 법률의 규제로 앞으로 생산량을 비약적으로 늘리기 어려워 작금의 에탄올 붐으로 가격이 치솟고 있다. 이 때문에 당밀을 외부 조달하고 있는 공장 중에는 카사바 등 다른 원료에 눈을 돌리고 있는 공장이 늘어나고 있으며 정부도 앞으로 카사바 이용이 늘어날 것으로 전망하고 있다.

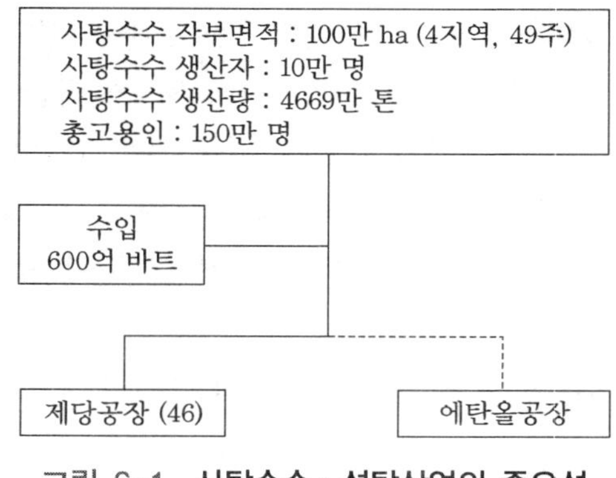

그림 6-1 　사탕수수 · 설탕산업의 중요성

6·6　에탄올공장과 블렌더를 조사

(1) 에탄올 생산공장 (타이 아그로에너지사)

타이 아그로에너지사의 스판브리공장은 태국 중부 스판부리주에 위치하여 2002년 1월부터 에탄올 제조를 시작했다. 원료는 인조 제당 공장에서 구입하는 당밀 (15년간의 장기 계약)이고, 태국 제2위의 에탄올 제조실적을 자랑하고 있다.

이 공장의 특징은 ㈎ 공장의 가동에너지효율을 높이기 위해 필요한 연료의 90% (나머지는 중유)를 공장 안에 건설한 바이오가스 플랜트에서 조달하고 있고, ㈏ 탈수과정에서 열흡수 재생능력을 갖는 제올라이트막을 사용하여 에너지효율을 향상시키고 있는 점, ㈐ 태국의 에탄올 제조자로는 처음으로 "클린 개발 메커니즘 (clean development mechanism)"에 참가한 점 등을 들 수 있다.

타이 아그로에너지사의 바이오에탄올공장 (스판부리주)(2007년 1월 31일)
당밀을 원료로 사용하는 태국 최초의 연료용 에탄올공장이다. 에너지원 대부분은
바이오가스를 이용한다.

표 6-6 타이 아그로에너지사의 바이오에탄올공장 개요

설립일자	2001년 10월 25일
장소	스판부리주 (약 45 ha)
종업원 수	67명 (제조 12, 품질관리 6, 기술자 23, 바이오가스 6명 등)
가동일 수	330일
에탄올제조능력	150 kL/일
제조실적 (2006년)	4만 2000 kL
제조시간	약 40시간 + 버티 안에서의 발효시간 (70시간)
당밀사용량	18만 톤/년, 600톤/일, 15년 계약으로 외부 조달
에너지원	바이오가스 : 90% (보일러 3개 중 1개 이용), 나머지는 중유 이용

　2008년 4반기부터 400라이 (약 640 ha) 부지에 제2공장을 건설할
예정이다. 그 생산능력은 1일 200 kL이고 원료는 당밀 이외에 카사바
티프스 (둥글게 잘라 건조시킨 것)를 사용한다. 당밀과 카사바 그레인

을 갖는 공장은 태국에서 처음이다. 앞으로 국내 수요를 충족시키면 수출사업도 전개할 예정이다.

(2) 블렌더 (A사)

A사의 연간 중유 취급량은 310만 배럴이고 260만 배럴의 가소올을 처리하고 있다. 또 현재 1000개소의 가솔린 스탠드를 소유하여 매월 2.5만~3만 kL (에탄올 환산으로 약 3000 kL)의 가소올을 처리하고 있다. 앞으로는 월간 판매량을 4만 kL (에탄올 환산으로 4000 kL)까지 증가시키는 것을 목표로 하고 있다.

일반적으로 혼합방법으로는 ㈎ 버티 블렌딩 (탱크 안에서 가솔린과 에탄올을 혼합)과, ㈏ 인라인 블렌딩 (플랫폼의 파이프 안에서 혼합)하는 두 가지 방법이 있다.

A사는 자사 제유소를 가지고 있고 중유 취급량이 많기 때문에 버티 블렌딩 방법을 채용하고 있다. 에탄올 구입선은 아유타야와 코겐의 공장이다.

한편, 다른 블렌더 (B사)는 공장에서 터미널까지 탱크로리로 에탄올을 운반하고, 터미널에서 인라인 블렌딩하여 탱크로리로 각 서비스 스탠드에 운송하고 있다.

6·7 지속적인 에탄올 생산요건

리히트사의 데이터에 의하면 2008년 태국의 연료용 에탄올 생산량은 34만 kL로 브라질의 2450만 kL는 물론 아시아 최대 생산국인 중국의 190만 kL에서도 크게 미치지 못한다. 그러나 태국의 가솔린 소비량은 에탄올 주요 생산국에 비하여 월등하게 낮고, 큰 소비지 (방콕)와 산지간의 거리도 비교적 짧기 때문에 인프라 정비 코스트 부담이 적은 유리한 점이 있다.

한편, 에탄올공장의 1일 에탄올 생산능력은 브라질의 약 절반 수준이다. 또 현 시점에서 승인된 에탄올공장의 생산능력으로 추계할 때 2011년의 목표치 (1일 3000 kL)는 앞당겨 달성될지도 모른다.

에탄올 원료도 경쟁력이 있는 사탕수수와 카사바 두 품종을 원료로 쓸 수 있는 강점이 있으나 태국의 바이오에탄올 보급상 가장 큰 과제는 원료 확보 및 자동차 업계와 소비자에 대한 PR이다.

금후의 에탄올공장 원료는 늘어나는 수요에 대처하기 위해서는 당밀만으로는 부족할 가능성이 있어 카사바 단수와 이용의 증가가 불가결하다. 또 태국에서는 사탕수수를 포함하여 작부면적을 확대하기 곤란하므로 사탕수수와 카사바를 코스트가 낮은 주변국 (라오스, 캄보디아)에서 재배하는 계획이 진행되고 있다.

이처럼 바이오에탄올의 수요 확대는 물과 토지조건이 가장 열악한 조건에서 재배되고 있는 사탕수수와 카사바농업을 발본적으로 변혁시킬 가능성이 있다. 사탕수수 산업은 정부의 가격 통제 등 엄격한 관리하에 있지만 카사바의 농가가격은 자유시간 거래여서 이전에는 1 kg당 1바트 이하로 크게 내려간 시기도 있었다. 2000년의 카사바 농가가격은 0.6바트/kg, 농가 생산액은 120억 1000만 바트였으나, 2007년에는 각각 1.12바트/kg, 295억 8100만 바트로 상승했다.

소비자의 바이오연료 구매력을 높이기 위해서는 화석연료보다 저렴한 가격설정과 소비자의 이해 촉진이 관건이다.

태국에 여전히 오랜 연식 (年式)의 자동차가 적지 않은 것도 제한요인이지만 이제까지 태국에서는 바이오연료대책 (가격 · 세제정책, 이용목표 설정 등)과 석유업계의 협력으로 바이오연료 (에탄올) 이용이 비교적 순조롭게 확대되어 왔다. 앞으로는 E20 등의 보급으로 에탄올 수요 확대가 예상되므로 가격 · 수량이 통제되고 있는 설탕정책 중에서 당질원료를 어떻게 에탄올용으로 배분하느냐 하는 것과 원료로 기대되는 카사바 생산성을 어떻게 높이느냐 등 원료생산력과 관련되는 과제 해결이 중요할 것이다.

제 7 장

지속가능한 바이오연료 생산과제와 방향성

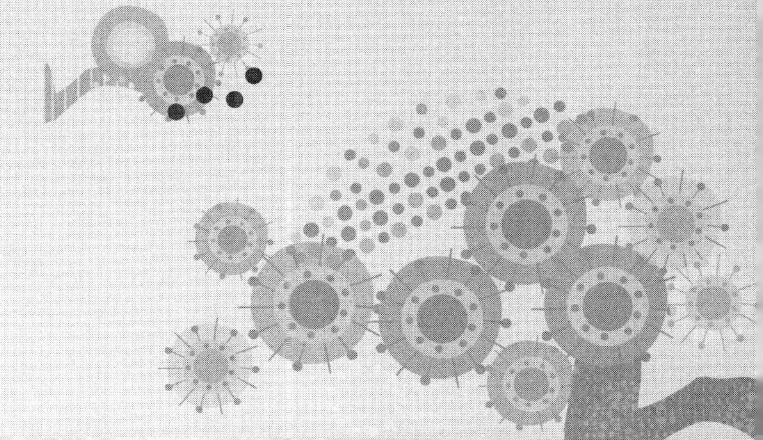

 냉정한 논의가 필요한 때

이제까지 각 장을 통하여 주요국의 바이오연료 생산경위와 특징, 정책 내용, 생산과 이용상황, 과제 등에 관해서 해설하였다.

바이오연료는 그 목적과 이용되는 원료, 생산방법과 규모, 이용형태, 정책 등 나라와 지역에 따라 상당한 차이가 있음을 이해하였으리라 믿는다.

공통점으로 어느 나라에서나 바이오연료 생산을 지속적인 것으로 하기 위해서는 강 상류에서부터 하류까지의 정부지원(제도와 재정면)이 불가결하다는 점이다. 이 때문에 바이오연료 이용자를 포함한 국민의 이해를 얻기 위한 정보 공개와 PR이 필요하다.

바이오연료는 식료가격 상승의 근원이며 머지않아 식료위기가 닥칠 것이라는 의견도 있다. 바이오연료 생산이 진실로 환경에 친화적인가 하는 의문의 소리도 들린다. 특히 옥수수를 사용하는 미국의 바이오에탄올 생산은 단번에 정책지원을 확대하여 생산을 급격히 신장시켰지만 식료와 환경에 대한 영향분석과 정보공시가 미비했던 사실을 부인할 수 없다.

특히 2006년 가을 이후의 식료가격 급등을 계기로 바이오연료에 대한 견해가 엄격해지고 있다. 이 때문에 미국과 EU뿐만 아니라 국제사회도 서둘러 식료와 경합하지 않는 셀룰로오스계 원료 등에 눈을 돌리기 시작했다.

바이오연료 생산이 환경과 식료 등에 미치는 영향의 정도는 원료의 종류, 생산장소(토지)와 재배방법, 바이오연료의 생산·이용방법, 생산규모, 수송방법과 거리 등의 조건에 따라 다르므로 미국의 바이오에탄올, 프랑스의 바이오디젤이란 식의 큰 묶음의 평가로 좋고 나쁨을 판단하는 데는 의문이 많다.

바이오연료 생산이 식료와 환경에 미치는 영향도 평가에 대해서도 일과성의 것이 되어서는 안 되며, 장차는 국제적으로 인정되는 방법에 의해서 적절하게 평가되기를 희망한다. 왜냐하면 바이오연료의 영향은 원료, 생산·이용방법, 수송방법, 정책 변경 등에 의해서 변화하기 때문이다.

바이오연료의 영향평가법이나 식료·환경에 대한 영향을 최소화하기 위한 수단에 관해서는 바이오연료 생산뿐만 아니라 정책문제와 각국의 이해가 얽힌 문제이기 때문에 논의를 매듭짓기가 쉽지 않지만 이제 가까스로 국제적인 마당에서 이와 같은 과제에 대한 토의가 시작되었다.

FAO(국제식량농업기구) 본부에서 2008년 6월 5일에 개최된 세계식량안전보장에 관한 고위급 회담 선언문에서 "바이오연료의 생산·이용에 관해서는 식료의 안전보장을 고려한 자세한 검토의 필요성, 바이오연료의 기술, 기준, 규칙 등에 관한 정보 교환, 바이오연료에 관한 국제적인 대화의 필요성"이 제시되었다.

현재는 2006년에 설치된 국제바이오에너지·파트너십* (GBEP : global biofuels energy partnership) 아래 2009년 서밋을 목표로 바이오연료의 지속 가능성에 관한 과학적인 기준과 지표 작성 작업이 진행되고 있다.

어쨌든 바이오연료의 생산자측, 이용자측, 비판하는 쪽 모두 극론이 아닌, 냉정한 논의가 필요하다.

---

* 2005년의 글랜 이글스 서밋에서 G8+5(브라질, 중국, 인도, 멕시코, 남아공)의 수뇌가 바이오에탄올의 지속적 발전을 도모하기 위한 목적으로 GBEP 설치에 합의하여 2006년 5월에 설립되었다. 사무국은 FAO 안에 설치하고, 바이오연료의 지속가능성에 관한 과학적 기준과 지표를 책정하는 작업을 하고 있는 중(참가국 : G8, 브라질, 중국, 인도, 멕시코, 남아공)이다. 실시 중인 작업으로는 ㈎ 바이오에탄올의 지속가능성에 공헌하기 위한 과학적인 기준과 지표 작성, ㈏ 바이오연료 이용으로 인한 온실효과 가스 감축효과 측정에 관한 각국 공통의 체크리스트 작성 등이 있다.
2009년 3월까지 온실효과 가스 작업부회가, 2009년 말까지 지속 가능성에 관한 작업부회가 각각 리포트를 작성하여 차기 서밋에 보고할 예정이다.

이 장은 종장이므로 논의의 표적이 되고 있는 바이오연료와 식료가격 상승, 환경문제, 바이오연료의 지속적인 생산과제, 그리고 이제부터 위에 예거한 과제들의 논쟁 상황 등어 대하여 해설하기로 한다.

 곡물 등의 가격 상승과 그 배경

2006년 후반부터 곡물가격이 오른 원인을 우선 다루어 보면, 2006년 소맥의 가격 상승은 오스트레일리아의 한해로 인한 생산량 감소가 계기가 되었다. 2006~07년 생산량은 6억 톤에 불과하여 소비량에 대한 생산량 비율은 96%까지 떨어졌다.

소맥가격이 치솟았기 때문에 소매수요가 감소하고 대체 수요로 옥수수 수요가 늘어났다. 그 후에 미국에서 바이오에탄올 수요 확대가 더해져 2006~07년의 2년 사이에 미국의 옥수수 이용 바이오연료 수요 증가는 세계 옥수수 수요 증가의 약 4분의 3을 점유하기에 이르렀다.

미국의 에탄올용 옥수수 소비량은 2년 사이에 거의 2배로 증가했음에도 불구하고 생산량은 약 15%밖에 증가하지 않았다. 즉 미국은 바이오에탄올 수요 급증 베이스에 맞춘 생산 확대를 실행하지 않은 것이다.

대두에 관해서 최근 5년간을 보아도 생산량이 소비량을 능가하였지만 재고율이 낮은 처지에서 2007~08년에는 미국에서 에탄올 수요 급증으로 콩밭이 옥수수 밭으로 전작된 것이 대두값 상승의 주된 원인이다.

한편 중국의 대두 수입량이 세계 무역량(수출량)의 절반을 차지하고, 세계 최대 대두 수출국인 브라질의 수출량을 웃도는 수준에 이르렀기 때문에 국제시장에 대한 영향력이 있다고 볼 수 있다.

표 7-1 주요곡물의 과거 5년 수급표

(단위 : 천 톤)

옥수수

연도	생산량①	소비량②	①-②	①/②	기말재고	재고율
2003~04	627594	648069	-20475	96.8	105229	16.2%
2004~05	715770	688228	27542	104.0	131809	19.2%
2005~06	699149	704639	-5490	99.2	124622	17.7%
2006~07	712470	725479	-13009	98.2	108820	15.0%
2007~08	792260	774418	17842	102.3	127797	16.5%
2008~09	785902	789418	-3516	99.6	123826	15.7%

소맥

연도	생산량①	소비량②	①-②	①/②	기말재고	재고율
2003~04	553908	580852	-26944	95.4	131913	22.7%
2004~05	625740	605405	20335	103.4	150972	24.9%
2005~06	620081	617406	2675	100.4	147636	23.9%
2006~07	596200	619223	-23023	96.3	127009	20.5%
2007~08	610599	615291	-4692	99.2	119356	19.4%
2008~09	683976	654309	29667	104.5	147349	22.5%

대맥

연도	생산량①	소비량②	①-②	①/②	기말재고	재고율
2003~04	142539	145517	-2978	98.0	22533	15.5%
2004~05	152674	143286	9388	106.6	32789	22.9%
2005~06	136756	140004	-3248	97.7	28634	20.5%
2006~07	137430	144399	-6969	95.2	21052	14.6%
2007~08	133205	136124	-2919	97.9	18192	13.4%
2008~09	149898	143407	6491	104.5	27954	19.5%

대두

연도	생산량①	소비량②	①-②	①/②	기말재고	재고율
2003~04	30183	30082	101	100.3	2403	8.0%
2004~05	32602	31695	907	102.9	3101	9.8%
2005~06	34603	33552	1051	103.1	3366	10.0%
2006~07	36317	35668	649	101.8	3220	9.0%
2007~08	37457	37388	69	100.2	2726	7.3%
2008~09	37554	37359	195	100.5	2478	6.6%

쌀 (정미)

연도	생산량①	소비량②	①-②	①/②	기말재고	재고율
2003~04	392196	411950	-19754	95.2	81146	19.7%
2004~05	401435	406902	-5467	98.7	73152	18.0%
2005~06	418495	412031	6464	101.6	75675	18.4%
2006~07	420605	417825	2780	100.7	75379	18.0%
2007~08	431136	424631	6505	101.5	78591	18.5%
2008~09	434586	429822	4764	101.1	80849	18.8%

자료 : USDA PSD-online (점검일 : 2008년 12월 26일)

　　2008~09년을 보면 옥수수는 미국의 에탄올 수요 급증 때문에 세계 소비량이 생산량을 약간 (역 350만 톤) 웃돌지만, 옥수수 이외의 대두, 소맥, 대맥 등은 생산이 소비를 감당하고도 남은 상황이다. 즉, 세계의 곡물 (유량종자를 포함) 수급 전체를 보면 대체로 수급균형이 이루어지고 있으며 곡물이 과도하게 부족한 것은 아니다.

　　그렇지만 세계의 가난한 나라들에서 식료쟁탈 때에 폭동이 발생한 것에 대해서는 식료가격 상승의 영향이 가난한 식료수입국에게 있어서 심각한 문제라는 것 (경제사정상 비싼 곡물을 수입하지 못한다), 이들 나라에서는 식료 배분문제가 발생하기 쉽다는 점 (한 나라로 보면 식료품이 부족해도 약자에 대한 분배가 제한된다) 등이 원인인 것으로 생각된다 (이에 관해서는 뒤에서 다시 기술하겠다).

2006년 후반 이후의 곡물을 포함한 식료품가격의 상승원인은 ㈎ 높은 원유가격으로 인한 에너지 코스트의 상승 (수송비, 농산물의 생산코스트 상승 등), ㈏ 곡물·원유시장으로 투기자금의 유입, ㈐ 바이오연료의 급격한 수요 확대, ㈑ 오스트레일리아와 유럽의 이상기상 (한발, 열파), ㈒ 곡물 등의 "수출규제*"와 "수입규제의 완화", ㈓ 미국 달러화 약세 등을 들 수 있다. 이것들은 서로 관련되어 있으며 (작물간의 대체성 등) 특정 원인의 영향도를 수치적으로 계측하기는 어렵다.

투기펀드에 투자하는 사람들은 바이오연료를 포함한 온갖 수요요인, 원유가격 동향 등을 종합적으로 분석하여 투자하고 있으므로 투기자금의 영향이 몇 %이고, 바이오연료의 영향이 몇 %라고 개별적으로 평가하기는 어렵다.

2006년 후반 이후 곡물 등의 가격 상승은 중국과 인도 등의 신흥경제국의 축산물 수요 증가에 따른 사료수요 확대가 그 요인의 하나로 거론되고 있지만 국제 가격에 직접적으로 영향을 미칠 수급구조는 아니다. 즉 중국과 인도 등 신흥 경제국의 곡물은 국내 자급이 기본구조로 되어 있으므로 2006년 후반 이후의 국제 시장시세 상승의 원인은 아니다.

최근 미국의 바이오연료와 그 정책에 대해 비판의 소리가 높은 것은 옥수수를 이용하는 미국의 바이오에탄올 생산이 최근 수년 사이에 급증한 타이밍과 식료가격 상승 타이밍이 같은 무렵이었던 사실에도

---

* 2008년에 들어 인도, 러시아 등에서 수출규제를 완화하는 움직임은 있으나 여전히 많은 나라에서 "수출규제 (수출금지, 수출할당, 수출세, 수출라이선스제 등)"와 "수출규제의 완화 (관세 폐지 또는 삭감 등)"가 이루어지고 있다. 옥수수의 수출규제국은 중국, 인도, 우크라이나, 아르헨티나 등 여러 나라이고, 수입규제 완화국은 EU, 브라질, 한국, 쌀 수출규제국은 중국, 베트남, 캄보디아, 네팔, 이집트, 브라질 등 여러 나라이다.

기인한다고 생각한다.

이 시기에 가격이 가장 많이 뛰었던 버터, 유지분유 등 유제품의 경우는 바이오연료가 원인이 아니다. 2007년 5월에 뉴스를 탔던, 2004년부터 2007년에 걸친 오렌지 가격 상승의 원인은 당시 보도된 바와 같이 "브라질의 바이오에탄올 원료인 사탕수수 밭 확대에 따른 오렌지 재배면적 감소"가 아니라 "플로리다주의 허리케인 피해(2004년)와 생산량 감소"가 그 원인이었다.

헤지 펀드 등의 투기자금은 미국이 경제불황을 겪자 금융시장에서 자금을 인출하여 원유와 곡물 시장에 유입시켰고, 그 영향은 예외적으로 장기화했다. 2008년 7월 이후 옥수수 등의 곡물가격과 원유가격 급락은 수급(재고율)이라는 정상적인 요인으로는 생각하기 어렵고, 투기자금의 영향이 얼마나 강력했었던가가 결과적으로 판명되었다.

또 원유가격 하락과 세계 금융위기로 미국·멕시코만(걸프) 안에서 일본까지의 해상운임(대형 파나맥스)는 2008년 11월 하순에 1톤당 30달러 약수순까지 하락했다. 2007년 9월에는 100달러대였고 2008년 5월 20일에는 163달러를 기록했었지만 그 후에는 원유가격의 하락, 금융위기 등의 영향으로 폭락의 길로 들어서 최고 수순 때에 비해 80% 이상 하락했다.

투기자금의 곡물과 원유시장 이탈은 투기자금에 대한 미국 공청회 자리 등에서 비판의 소리가 높았던 점과 "에너지 시장에서의 과잉투기를 억제하는 법률안"이 2008년 7월에 미국의회에 제출된 것이 계기가 되었다고 보인다. 헤지 펀드 등의 투자가들이 "지나치다!"라는 비판을 강하게 받아들여 자숙한 점과 2008년 9월의 리먼쇼크를 발단으로 하는 세계 금융위기로 자금이 보다 안전한 채권 등에 흘러 들어간 것이 곡물 등의 가격이 급락한 주요 요인인 것으로 보인다. 투기자금에 의한 곡물시장 영향이 완전히 사라진 것은 아니기 때문에 "수급에 의한 시장 전개"도 완전 회귀하지 못한 것이 현재의 상황이다.

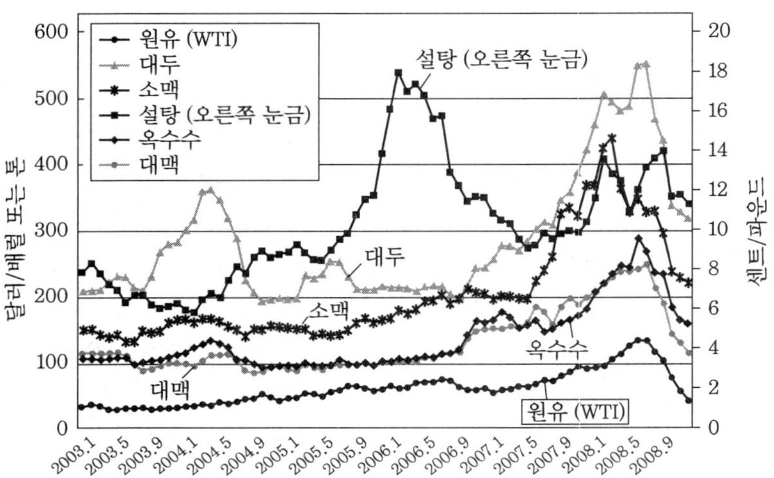

자료 : IMF
주 : 옥수수 : No.2 Yellow, FOB Gulf of Mexico
　　대두 : Chicago Soybean futures contract (first contract forward) No.2 yellow
　　소맥 : No.1 Hard Red Winter, ordinary protein, FOB Gulf of Mexico
　　대맥 : Canadian no.1 Western Barley, spot price
　　설탕 : Coffee Sugar and Cocoa Exchange (CSCE) No.11 nearest future position
　　원유 : WTI

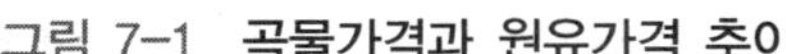

그림 7-1　곡물가격과 원유가격 추이

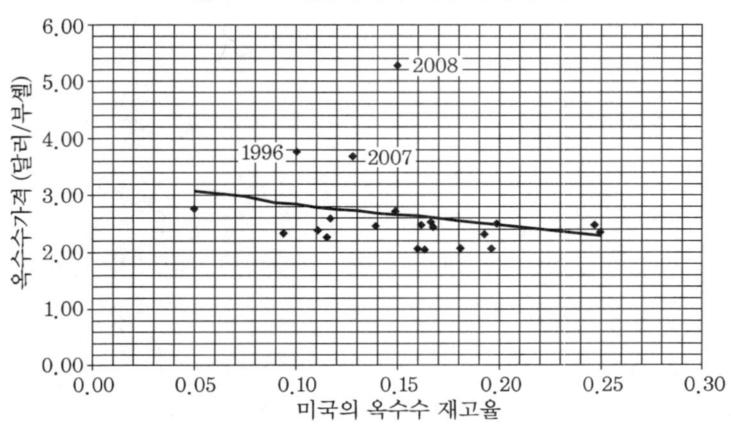

자료 : 재고량 (작물연도)은 USDA Feed grain Database (January 12, 2009),
　　　옥수수가격은 시카고 옥수수 기근 가격 (역년)

그림 7-2　시카고 옥수수시장 시가와 미국 옥수수 재고율 관계

또 곡물 중에서도 소맥은 옥수수와 대두가격 하락에 앞서 2008년 초반부터 크게 하락했다. 이것은 펀드의 영향이라기보다는 펀더멘털한 요인, 즉 가격 상승으로 인한 세계적인 증산 전망을 보자 수요가 크게 누그러질 것이 확실시된 것이 배경이었다.

다른 한편, 수급사정이 안정되었음에도 불구하고 같은 시기에 설탕가격은 상승했다. 이것은 곡물과 석유시장에서 떠난 투기자금이 세간의 시선이 비교적 엄격하지 않은 설탕시장으로 흘러들었기 때문이라는 견해가 있다.

곡물가격은 이제까지는 펀더멘털한 요인(재고율)과의 관련이 강했지만 그림 7-1에서 보는 바와 같이 원유가격과 연동하여 오르내리게 되어 그림 7-2와 같이 재고율과의 관계는 약화되었다. 앞으로도 수급 이외 요인의 영향을 받아 곡물가격 변동성은 높은 채로 추이할 것으로 믿어진다. 이 때문에 "곡물수급과 가격전망의 어려움"은 당분간 이어져, 곡물시장뿐만 아니라 에너지시장(원유가격) 동향에도 눈길을 집중할 필요가 있다.

전술한 바와 같이 2008년 여름 이후에는 곡물, 원유가격과 해상운임 급락이 예상을 넘는 수준에 이르렀으겨, 이것은 식료품가격의 하락으로 이어져 소비자측면에서 보면 환영할 만한 일이다.

그러나 세계 식료품생산 관점에서는 반드시 바람직한 것만은 아니다. 즉 비료와 종묘가격 등 농업자재 가격과 사료가격이 여전히 높은 가운데 생산물가격이 급락한다면 농민들의 생산의욕이 감퇴하고 수입이 감소하여 자금사정도 어렵게 된다. 개발도상국에서는 비료 등의 투입량이 줄기 때문에 평소에도 선진국으로부터의 농업투자가 떨어지고 있는 마당에 생산성이 더욱 더 감소할 우려가 있다.

그렇게 된다면 생산량이 감소하여 다시 곡물 등의 가격이 오를 염려가 있다. 2006년 가을 이후의 가격 상승은 바이오연료, 원유가격, 투기자금 등의 복합적 요인으로 야기되었는데 농산물가격 급락으로 농업생산력이 취약해진다면 사태는 보다 심각해질 것이다.

7·3 식료가격 상승원인에 대한 다양한 의견

식료품가격에 대한 바이오연료의 영향에 대해서는 이제까지 다양한 견해가 제시되었다. 그러나 각각 입장의 차이도 있어 영향에 대한 분석도 다양하다. 참고로 그 일부를 여기서 소개하겠다.

(1) 미국 농무부

대통령 자문기구인 경제자문위원회 (council of economic advisors) 의장은 2008년 5월 14일 세계 식량위기 대응에 관한 히어링에서 "IMF (국제통화기금)의 국제지표가격 (곡물, 식육, 식물유, 수산물, 설탕 등)을 분석한 결과 과거 12개월 동안의 세계 식품가격은 43% 상승하였다"는 조사결과를 밝혔다. 그 후에 미국 농무부도 이 견해를 답습했다. 셰퍼 농무장관 (당시)은 2008년 5월 19일의 기자회견에서 ㈎ 옥수수와 대두의 바이오연료 수요 확대는 원료작물 가격 상승을 초래하였지만 식품가격 상승의 주된 요인은 아니며, ㈏ 식품의 코스트는 농산물 가격보다도 가공 유통경비 (노무비, 광고, 포장비, 수송·에너지코스트 등)의 영향이 훨씬 크며, ㈐ 식품가격 상승에는 많은 요인이 관여하고 있는데 주된 요인은 중국, 인도 등의 경제성장, 오스트레일리아의 한발 등의 기상이변, 수출규제 (특히 쌀), 에너지코스트 (유통·수송경비), 바이오연료라고 지적했다.

(2) 미국 퍼듀대학 (인디애나주)

퍼듀대학의 필 아보트교수, 워레스 타이너교수 등의 연구팀은 식료품가격 상승요인에 대하여 과거 25건의 연구검증과 스스로의 연구를 통하여 2008년 6월 23에 그 결과를 발표했다.

그에 의하면 원유가격은 중요 원인으로, 중요가격이 1배럴당 40달러에서 120달러까지 상승하는 동안에 옥수수가격은 1부셸(bushel)당 2달러에서 6달러 올랐지만 옥수수의 상승분 4달러 중 3달러는 원유가격, 1달러는 에탄올에 대한 보조금이 원인이라고 했다. 다른 주요 요인은 약달러로, 모든 식료품가격 상승에 연결되어 있다고 했다.

과거 9건의 연구보고 중 8건이 식료품 소비가 생산을 능가하고 있다고 지적하고 있으며, 대부분이 "중국과 인도가 식료품가격 상승의 주된 요인이라고 지적하고 있으나 그것은 잘못된 것이다"라고 지적하고 있다. 즉 가격은 무역국이 결정하지만 중국과 인도는 기본적으로 식료자급국이므로 농산물 무역에는 크게 관여하고 있지 않다, 즉 세계 주요 식료품 소비국이 아니라고 기술했다.

날씨와 작물, 병해충의 영향은 과거 수년의 식료품가격 상승에 영향을 미쳤다. 또 농업에 대한 연구투자의 감소는 농업생산의 성장을 억제하고, 이로 인하여 재고 감소, 식료품가격 상승 단계로 옮겨간다.

다만, 투기자금의 상품시장 영향에 대해서는 현행 연구결과를 근거로 삼는다면 "가격 상승은 투기자금의 영향 때문이다"라는 견해에는 동의하기 어렵다고 했다.

(3) 세계은행

경제평론가인 돈 미첼씨는 7월 28일 발표한 보고서(A Note on Rising Food Prices)에서 2002년 1월부터 2008년 6월 사이의 식료품가격을 35~45%까지 상승시킨 요인은 에너지 가격 상승과 그에 따른 비료가격과 수송비의 상승, 약 달러였다며 식료품 상승의 25~35%가 이들 요인에서 비롯되었다고 했다. 나머지 70~75%는 바이오연료 자체와 바이오연료와 관련된 요인인 적은 곡물재고량, 토지이용의 큰 변화, 투기자금, 수출금지조치 때문이었다고 했다.

다른 많은 연구에서도 바이오연료가 식료품가격 상승의 주요 요인이었다고 지적하고 있다. 개발도상국의 곡물 소비 증가는 큰 몫을 차지하는 것은 아니므로 식료품가격의 대폭 상승을 야기시키는 것이 아니다. 2000년부터 2007년에 걸쳐 곡물(grains)의 바이오연료를 제외한 소비량은 연율(年率) 1.7%밖에 증가하지 않았고, 한편 수확량은 연율 1.3% 증가, 재배면적은 0.4% 증가하여 세계 곡물수급 균형은 개략적으로 유지되고 있다.

미국과 EU의 바이오연료 생산의 대폭 증가는 보조금, 바이오연료 이용 의무화, 수입관세에 기인하는 것으로 이러한 일련의 정책지원이 없었다면 바이오연료 생산이 떨어지고 식료품가격 상승도 억제되었을 것이다. 다만, 브라질의 사탕수수 유래 에탄올 생산은 최저 코스트로 생산이 가능하고, 사탕수수는 설탕과 에탄올 두 수요 증가를 감당할 만큼 증산되고 있으므로 설탕가격을 대폭 인상시키지 않았다고 했다.

(4) 국제식료정책연구소

2007년 5월 7일에 발표한 국제식료정책연구소(international food research institute : IFPRI)의 로즈 그랜트씨에 의한 "biofuels and grain prices ; impacts and policy responses"에서는 2000년부터 2007년에 걸친 곡물가격 상승요인을 분석했다. 그 결과 곡물 전체의 가중평균 가격 상승분 중 약 30%는 바이오연료 수요 확대로 인한 것이었다고 밝혔다. 그 중에서도 옥수수의 실제 가격 상승분 중 약 30%는 바이오연료의 수요 확대로 인한 것이었고, 소맥의 경우는 22%라고 했다.

또 2007년 이후의 바이오에탄올 생산수준을 2007년 수준으로 동결시킨 시나리오에서는 옥수수 가격은 2010년까지 6%, 2015년까지는 14% 하락한다고 했다.

2007년 이후, 식류 유래의 바이오연료 생산을 정지시킨 시나리오 (바이오연료 수요 제로의 시나리오)에서는 2010년까지 옥수수 가격은 최대 20%까지, 카사바 가격은 14%, 설탕 가격은 11%, 소맥가격은 8% 각각 떨어진다고 했다.

(5) 유럽위원회

바이오연료 생산을 추진하려고 하는 유럽위원회는 2008년 5월 20일, 세계적인 식량가격 상승에 대한 대응책을 명시한 문서를 발표했다. 위원회는 그 문서에서 식료품가격 상승문제는 다양한 요인이 얽혀 있는 문제인 만큼 "다방면 동시 대응 (바호주 위원장)"할 필요가 있다고 주장했다. 가격 상승 원인으로 지목되고 있는 바이오연료에 관해서는 "바이오연료는 2020년까지는 이산화탄소 (CO_2) 배출량을 20% 감축한다는 EU의 목표를 달성하는 데 결정적 역할을 한다"며 악동론을 배제했다.

유럽위원회는 식료품가격 상승의 원인으로 ㈎ 주요 신흥국들의 수요 확대, ㈏ 에너지 가격의 상승, ㈐ 단위당 수확량 신장률 둔화, ㈑ 농산물의 타용도 전용 등의 구조적 요인 외에 ㈎ 세계적인 수확량 감소, ㈏ 재고의 대폭 감소, ㈐ 달러 약세, ㈑ 곡물 등의 수출 규제 등의 환경적 요인이 있다고 분석했다.

이처럼 바이오연료를 둘러싼 정세는 매우 험난하다. 2007년의 세계적인 바이오연료 투자 (벤처투자, 민간자본)는 전년 대비 3분의 1 (약 21억 달러)로 감소했다는 보고 (문헌 1)가 있으며, 그 보고에서 투자액이 감소한 이유는 원료가격의 상승, 에탄올 가격의 하락, "식료 vs 연료문제"가 배경에 있다고 했다. 다른 한편, 제2세대 바이오연료에 대한 투자는 급증하고 있으며, EU 등의 선진국 지역에서 브라질, 인도, 중국으로의 변화를 볼 수 있다. 그런데도 불구하고 세계 전체 바이오연료 커패시티는 2004년 이후 연율 18%로 급속히 확대되고 있다.

이 리포트에서는 식료품가격에 대한 바이오연료의 영향을 결정하는 것은 어렵고, 굳이 말한다면 곡물은 최대 8%의 영향, 식용유는 17%, 사탕수수는 불과 2.5%의 영향을 미친다고 했다.

7·4 식료품가격 상승으로 인한 개발도상국의 영향

바이오연료와 식료문제에 관해서는 개발도상국의 식량안전보전과 빈곤·기아문제와 연관시켜 다루고 있다.

표 7-2 선진국과 개발도상국의 식료품 수입액 추이

(단위 : 백만 달러)

식료품	선진국			저소득식료부족국 (LIFDC)			식료순수입개발도상국 (NFIDC)		
	2006년	2007년	2008년	2006년	2007년	2008년	2006년	2007년	2008년
식료 계	429358	572479	676286	86473	88961	117079	23392	46840	60273
	100%		158%	100%		135%	100%		258%
곡물	104990	183047	217613	29450	25197	34055	9813	19106	25438
	100%		207%	100%		116%	100%		259%
식물 유	35906	59820	93367	22884	22818	35916	4087	10729	15995
	100%		260%	100%		157%	100%		391%
유제 품	30736	60213	61706	4924	6740	6857	1697	4034	4057
	100%		201%	100%		139%	100%		239%
식육	61059	71758	85488	6013	3145	4210	1288	2416	2868
	100%		140%	100%		70%	100%		223%

자료 : FAO, Food Outlook 2008, November 2007 & 2008을 바탕으로 작성
주 : NFIDC는 net food-importing developing countries, LIFDC는 low-income foood-deficit country의 약칭

표 7-3 **식료품가격 상승이 개발도상국에 미친 영향**

국가		소비자물가지수(CPI)의 변화	식료품가격의 인플레율 (a)	식료지출 비율 (b)	식료의 CPI 변화에 대한 영향도 (a)×(b)
개발도상국	스리랑카	19.4	25.6	62.0	15.6
	파키스탄	10.6	18.2	41.5	7.6
	방글라데시	10.3	14.2	64.5	9.2
	케냐	15.4	24.6	50.5	12.4
	세네갈	5.8	10.9	40.3	4.4
선진국	미국	4.0	5.1	9.8	0.5
	일본	1.0	1.4	19.0	0.3
	독일	2.8	7.4	10.4	0.8
	스페인	4.4	7.1	21.9	1.6
	스위스	2.4	2.2	11.0	0.2

자료 : OECD-FAO Agricultural Outlook 2008~2017을 바탕으로 작성
주 : 기간은 2007년 2월~2008년 2월

UN의 경제사회이사회는 의장 성명 (2008년 5월 22일)에서 "바이오 연료 정책의 재검토"와 아프리카 농업가발 지원 강화 같은 종합대책 실시를 각국에 요청했다. 구체적으로는 중장기 대책 가운데서 바이오 연료의 생산·이용이 식량안전 보장을 위협하는 것을 저지하기 위해 "진지하게 정책을 재검토할 것을 각국에 촉구한다"고 호소한 외에, 아프리카 지원의 중요성을 강조했다. 또 정부개발지원 (ODA)을 재검토하여 개발도상국 농업의 개발지원을 강화하도록 요구했다.

또 이 회의 중에 "선진국의 농업보호주의로 인하여 발생한 국제시장의 일그러짐이 가격 상승의 한 원인이었다"고 지적함과 동시에 산유국이 바이오연료를 악자로 몰아세우려고 하는 기도를 비판하여, 바이오연료는 농촌에 고용과 수입을 안겨주고 농업번영에 공헌한다는

룰라 브라질 대통령의 메시지가 소개되었다.

최근의 식량가격 상승은 특히 가난하여 식료품이 부족하고 수입에 크게 의존하고 있는 나라들에 나쁜 영향을 미치고 있다.

FAO (UN식량농업기구)에 의하면, 2006년부터 2008년에 걸쳐 선진국에서도 식료품 수입액은 약 1.6배, 곡물은 2.1배, 식물유는 2.6배나 증가하였지만 개발도상국 (NFIDC)에서는 식료품 순수입이 각각 2.6배, 2.6배, 3.9배로 선진국을 능가하여 증가했다.

개발도상국에 대한 영향은 단순히 식료품 수입액 증가만으로는 그 양을 어림잡을 수 없다. 개발도상국에서는 전체 지출 중에서 식료품 지출비율이 50% 전후를 차지하기 때문에 식료품가격 상승은 전체 인플레로 이어질 뿐만 아니라 식료품 구매력 감퇴로 영양부족문제가 심각하게 될 우려가 있다. 또 소매시장에서는 가공품 비율이 작으므로 곡물 등의 상품가격 상승은 직접 식료품 소매가격에 영향을 미칠 확률이 높다.

FAO는 2008년 9월 28일 "식료품가격 상승으로 7500만 명의 사람들이 새로 기아상태에 처하게 되었으며 전 세계 영양 부족 인구 추정수는 2007년 시점에서 9억 2300만 명에 이른다"고 했다. 영양 부족 인구는 기준년 (1990~92년)에 8억 4200만 명이었던 것이 2003~05년에는 8억 4800만 명으로 600만 명 증가하였으며, 이번 추계에서는 더욱 악화되어 9억 명을 넘을 것이라고 했다.

이 상황에서는 기아에 신음하는 전 세계 사람들의 비율을 2015년까지 절반으로 감소시키겠다는 UN의 밀레니엄 개발목표를 달성하기는 어렵게 되었다고 할 수 있다.

세계식량계획 (world food program : WFP)는 로마에 본부를 둔 UN 산하의 유일한 식량원조기관으로, WFP가 실시하고 있는 식량원조 대상물자 대부분은 바이오연료의 원료와 깊은 관계가 있다. 식량원조 대상이 되는 것은 곡물류, 콩류, 식물유, 설탕, 소금, 곡물혼합식량 고칼로리 비스킷, 빵 등으로 바이오에탄올과 바이오디젤의 원료와 경합하는 것이 많다. 게다가 사탕수수와 옥수수는 가난한 아프리카 여러 나라를 포함한 광범위한 개발도상국에서 식료품 생산과 지속적인 농업·농촌개발에 있어서도 중요한 밭작물이다.

최근 식량원조용 곡물수량은 1999~2000년 이후 해마다 감소하고 있으며 1999~2000년에는 1100만 톤 정도였던 것이 2006~07년에는 400만 톤 정도까지 대폭 감소했다.

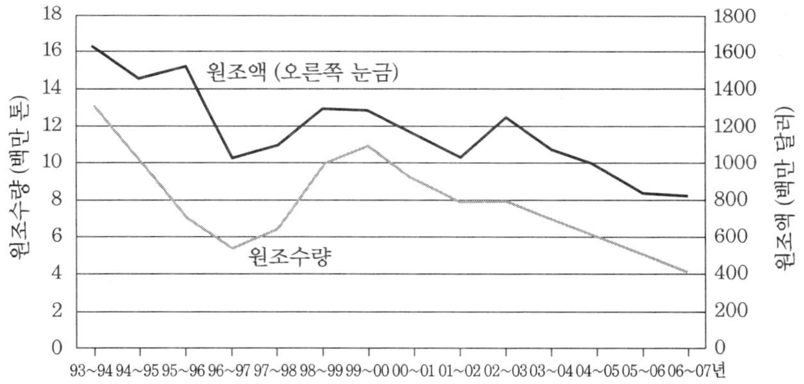

자료 : FAO가 WFP의 데이터를 바탕으로 작성
주 : 원조수량은 각 곡물의 식량 원조수량의 단순 합계, 원조액은 각 곡물의 국제가격×
　　원조수량 합계

그림 7-3　식료품 원조량과 원조액 추이

7·5　농업을 발본적으로 변화시킨 바이오연료

미국에서는 바이오에탄올용 옥수수 수요 확대로 시카고의 옥수수 시세는 2006년 6월부터 2년 사이에 2.6배, 소맥은 2.3배, 대두는 2.6배로 크게 상승했다 (IMF의 데이터). 원래 미국의 바이오연료 정책은 원료 작물 가격의 가격 인상을 노린 것이었으므로 의도한 바와 같은 결과에 이르렀다고 할 수 있다.

중서부의 농가(에탄올공장 소유자이기도 하다)의 소득은 증가하여 농업보조금을 삭감할 수 있었다. 또한 농업소득이 늘어나고 에탄올공장 건설 러시로 지역 고용이 확대됨에 따라 지역경제 활성화에 크게 기여했다.

농가는 노동생산성과 코스트 절감의식이 높아져 농법[GM(유전자조작) 품종의 증가, 밭갈이를 하지 않는 재배의 증가 등], 판매방법, 사료이용[(DDG(건조 증류박)의 이용 증가] 등에도 변혁을 초래했다.

이처럼 바이오연료라는 새로운 판로가 크게 열림으로써 잉여 농산물이 매우 단기간에 효율적으로 처리할 수 있게 된 것은 놀랄 만한 일이었다.

브라질은 바이오에탄올 생산·이용기반이 구축되어 에탄올은 대체연료로서의 위치가 확립되었다. 이제까지 설탕의 국제가격에 크게 좌우되었던 사탕수수 생산에 에탄올이라는 새로운 판매처가 발생한 것은 사탕수수산업의 안정적 발전에 크게 기여한다고 할 수 있다.

미국은 막대한 휘발유 소비국이다. 휘발유에 비하면 에탄올 이용은 극히 제한적이어서, 에너지 자급률 측면에서의 기여도가 낮지만 곡물 생산자에게는 아주 빨리 큰 효과를 가져다주었다. 물론, 곡물메이저(AMD사, 카길사 등)의 업적 개선도 크게 공헌했다.

다른 한편, 곡물 등을 이용하는 쪽(축산농가, 식품업계, 소비자 등)에는 가격 상승과 그 변동의 리스크를 초래했다고 할 수 있다.

7·6 바이오연료와 환경

(1) 카본 뉴트럴과 온실효과 가스 감축률

바이오연료는 카본 뉴트럴이라는 이념 아래 최근 몇 해 사이 세계적으로 증산 붐이 일고 특히 브라질, 미국, EU에서는 정부의 지원조치까지 겹쳐서 급속히 생산을 확대해왔다.

다른 한편, 바이오연료와 식료품 문제에 더하여 바이오연료 생산·이용 때의 에너지 효율과 온실가스 감축효과를 의문시하는 소리를 들을 수 있게 되었다.

현재 시점에서는 바이오연료의 온실효과 가스(GHG) 배출량 측정법에 대한 국제적인 기법이 확립되어 있지 않다. 따라서 측정 시의 전제조건(토지의 변화, 대상으로 할 GHG 등)을 포함하여 국제적으로 이용가능한 기법이 확립되어 다양한 바이오연료 생산·이용과 관련된 객관적 환경평가가 이루어질 필요가 있다.

2007년 6월의 세계은행 리포트에 의하면, 자동차가 1 km 주행했을 때의 가솔린과 바이오에탄올 라이프 사이클에서의 GHG 감축률을 비교한 결과, 사탕수수를 원료로 하는 브라질의 에탄올이 최대 감축률(마이너스 87%)을 나타내었고, 소맥은 마이너스 47%, 사탕무는 마이너스 35%였으나 옥수수 유래의 미국 에탄올은 E10이 마이너스 4%, E85가 마이너스 14%로 낮았다.

표 7-4 자동차 1 km 주행 때의 GHG 감축효과 비교

원료	연료형태	장소	GHG변화율	출처
소맥		영국	-47%	Armstrong et al. 2002
사탕무		프랑스 북부	-35%	Armstrong et al. 2002
옥수수	E10	미국	-1%	Wang et al. 1999
옥수수	E85	미국	-14%	Wang et al. 1999
셀룰로오스	E85	미국	-68%	Wang et al. 1999
사탕수수	함수에탄올	브라질	-87%	Macedo et al. 2004
사탕수수	무수에탄올	브라질	-91%	Macedo et al. 2004

자료 : Masami Kojima, Donald Mitchell, and William Ward, Considering Trade Policies for Liquid Biofuels, Energy Sector Management Assistance Program(ESMAP), World Bank, June 2007을 바탕으로 작성

화석연료와 바이오연료의 온실효과 가스 LCA (라이프 사이클・아세스먼트)의 프로세스를 비교하면 그림 7-4와 같이 된다. 바이오연료의 경우 원료(곡물 등) 생산을 위한 토지개간 전후의 토지이용 변화, 밭갈이, 파종, 수확, 그리고 공장에서의 부산물 생산과 폐액처리 등에 소비되고 있는 에너지로 인한 GHG 배출량을 어떻게 다룰 것인가가 포인트가 될 것이다.

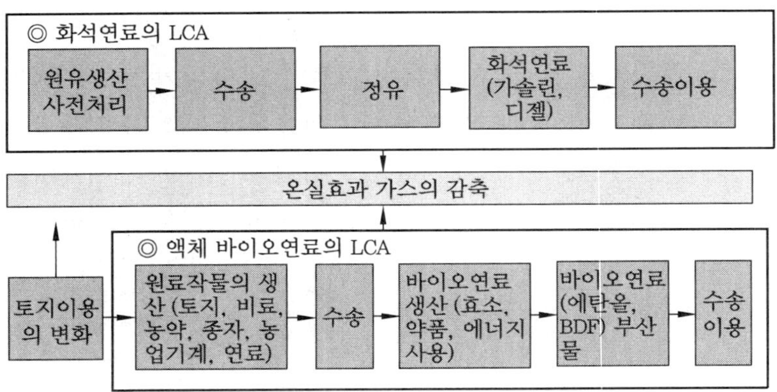

자료 : FAO, The State of Food and Agriculture 2008, 7 October 2008을 바탕으로 작성

그림 7-4 화석연료와 바이오연료의 LCA

(2) 바이오연료 생산에 소요되는 에너지효율

바이오에탄올 생산에 소요되는 투입에너지와 발생하는 에너지양의 수지비율 비교는 에너지 절감에 의한 온실가스 감축에 기여한다.

에너지 수지 (에탄올 생산에 투입된 에너지 열량을 1로 한 경우, 생산되는 에너지 열량)를 보아도 옥수수를 원료로 하는 미국의 에탄올 생산 에너지 수지비는 1.3~1.8로, 사탕무 (1.9)나 소맥 (1.2)을 원료로 하는 경우 거의 동등하지만 사탕수수를 원료로 하는 브라질의 경우 8.3%에 비하면 상당히 낮다. 브라질의 사탕수수는 투입에너지에 비하여 발생하는 에너지가 매우 많아 효과적이다.

　브라질의 데이터는 Macedo씨 등에 의한 리포트 (문헌 5)가 출처이다. 최선이 아닌 보통 조건 (시나리오 1)에서의 사탕수수 1톤당 에너지 투입량은 농장 (원료생산 · 수확 · 수송)에서는 48200 kcal, 공장 (에탄올 제조)에서는 11800 kcal, 합계 60008 kcal이고, 다른 한편 발생 에너지량은 에탄올 유래가 45만 9100 kcal, 버개스 (사탕수수를 짜낸 다음의 찌꺼기) 유래가 4만 300 kcal이어서 합계 49만 9400 kcal가 되어 에너지 수지비는 "499400÷60008=8.3"이 된다.

　또 Macedo씨 등의 최근 문헌에는 사탕수수의 에너지 수지는 9.3이라고 기록하고 있다. 에너지 수지가 더욱 개선된 요인으로는 사탕수수의 기계수확 증가와 수송에너지 증가 영향으로 증가요인이 있었기는 하지만 버개스에서 생산되는 전력 증가와 공장 등에서의 화석연료 사용 감소에서 비롯되었다고 한다 (문헌 2).

표 7-5　에탄올의 원료별 에너지 수지 비교

원료	에너지 수지 비율
소맥	1.2
옥수수 (미국)	1.3~1.8
사탕무 (EU)	1.9
사탕수수 (브라질)	8.3

자료 : 소맥, 옥수수, 사탕무의 데이터는 리히트사 (2004), 사탕수수의 데이터는 Macedo et al., 2004

 **원료작물의 비배관리 및 바이오연료와 물이용**

(1) 원료작물의 생산

　바이오에탄올의 주요 원료인 옥수수와 사탕수수는 성장에 필요한 수분요구량이 비교적 높지만 FAO의 리포트 (문헌 12)에 의하면 옥수수는 60%가, 사탕수수는 76%가 강우량 부족지역에서 천수(天水)재배되고 있다. 이 때문에 현재 수량(水量)으로 인한 영향은 크다고 할 수 있다.

　브라질처럼 농지로 이용할 수 있는 광대한 땅을 소유하고 있는 나라는 거의 없으므로 증산을 계속 늘려나가기 위해서는 단위 면적당 수확량을 높일 수밖에 없고, 그러기 위해서는 비료와 농약이 더 많이 사용될 것은 자명하다. 그렇게 된다면 질소비료 등으로 인한 하천수, 지하수의 수질오염 가능성이 있다.

표 7-6 옥수수 연작으로 인한 단수의 영향

(단위 : 부셸/에이커)

연도	대두의 후작	옥수수의 후작 (연작)	차이	%
2000	160	158	2	1.3
2001	146	115	31	21.4
2002	155	120	35	22.7
2003	162	119	44	26.9
2004	203	203	-1	-0.3
2005	190	161	29	15.3
2006	197	181	15	7.8
2007	199	172	27	13.6
평균	178	154	24	14.2

자료 : 아이오와주립대학 (J. E. Sawer and D. W. Bakrker)
주 : 측정은 아이오와주 46개 지점에서 실시하고, 단수는 각각의 최고치

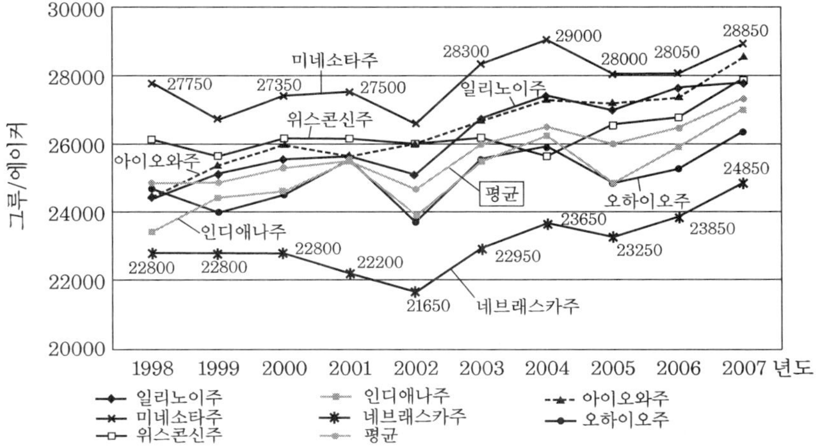

자료 : NASS Crop Production Summary (매년 1월에 발행)
주 : 매년 9월 시점의 조사 결과

그림 7-5 미국 옥수수 재배밀도 추이

미국의 옥수수는 이제까지 품종개량에다 연작과 밀식으로 증수를 도모해 왔다. 토양 등의 환경유지뿐만 아니라 단수(單收)의 안정화를 위해서도 대두, 소맥 등의 윤작이 바람직하지만 옥수수를 5년, 경우에 따라서는 10년 연작하는 사례도 적지 않다. 옥수수 다음에 계속하여 옥수수를 연작하면 옥수수 다음에 대두를 심는 경우에 비하여 단수가 14% 감수된다는 보고가 있다. 단위면적당 옥수수 식부 그루수를 늘리는 밀식은 7개주의 평균치로, 1998년 1에이커당 2만 4807그루에서 2007년에는 2만 7293그루로 10년 동안에 약 2500그루(아이오와주에서는 3950그루)나 재배 그루수가 늘어났다.

비옥한 토지가 광활하게 펼쳐진 캘리포니아주 Lodi 근교의 델타지대 옥수수농가에서 청취한 조사(2007년 8월)에서는, 품종은 제초제 저항성이 있는 유전자조작 품종인 "라운업 레디", 고랑 폭 90 cm로 식재 그루수는 에이커당 약 3만 4000그루라는 재배밀도였다(이전에는 2만 8000그루 정도).

이 농가에 의하면 토지가 비옥한 지역이기 때문에 밀식이 가능하다고 하였지만 바이오연료 원료를 심는 토지 변화는 탄소저장 능력에 영향을 미칠 가능성도 있다. 특히 열대우림, 자연 목초지 등을 개발하여 원료작물을 심는 경우에는 탄소저장 능력뿐만 아니라 생물다양성 (동식물의 유전자원 등)의 상실, 토양 침식, 생태계 파괴 등을 초래할 수 있다.

원료 자체는 식료와 경합하지 않는 제2세대 바이오연료의 원료일지라도 위와 같은 적절한 재배방법에 유의하고, 재배지 제한은 제1세대 바이오연료와 마찬가지로 적용하는 것이 긴요하다. 이제까지 경작지에 환원시켰던 옥수수의 줄기와 잎 등을 에탄올 생산에 대량으로 사용하게 된다면 토양의 유기물 감소로 이어질 우려도 있다.

미국에서는 옥수수의 잔사 (줄기, 잎, 속대)가 연간 6800톤 (건조 중량)이 발생하여 가축의 분뇨 (3200만 톤), 바이오연료의 곡물 잔사 (1900만 톤), 소맥의 밀짚 (1000만 톤) 등에 비하여 농업잔사 중 가장 많다 (문헌 30). 옥수수 잔사 대부분은 옥수수를 수확한 후에 그 자리에 묻는다.

그러나 작물을 재배할 때 적절한 비배·물관리와 재배지에 관해 배려할 점은 바이오연료 원료재배에 국한된 것은 아니라는 사실을 강조하고 싶다.

(2) 공장에서의 바이오연료 생산

공장에서의 바이오연료 생산에는 일반적으로 전처리 과정에서 많은 물을 사용함과 동시에, 사탕수수를 원료로 사용하는 브라질의 에탄올 생산을 제외하고는 많은 화석연료를 이용한다. 공장에서의 물 재이용, 보일러의 열효율 개선, 증류방법 개선 (제올라이트막에 의한 수분 분리법 등) 등의 에너지 효율 향상은 이미 많은 공장에서 실시하고 있다.

공장의 폐액처리도 중요 과제이다. 예컨대 폐액을 비료로 이용하는 것 [(브라질에서는 공장폐수 (vinasse) 대부분을 경작지에 환원)]과 바이오연료로 이용한 코디네이션 (열·전 공급시스템)을 이용하고 있는 사례도 볼 수 있다.

공장에서의 에너지 절약, 절수, 배수처리 등의 기술개량은 많은 연료생산공장에서 실시하고 있다.

7·8 바이오연료와 에너지 안전보장

FAO (유엔식량농업기관) (문헌 12)에 의하면 2007년 세계수송연료 중에서 바이오연료가 차지하는 셰어는 불과 2% 정도였고 2030년에 이르러서도 3~4%일 것으로 추측하고 있다. 다른 한편, 미국에서는 1억 톤에 이르는 옥수수가 바이오에탄올 생산에 사용되고 있다.

최근 미국의 가솔린 소비량은 증가추세에 있고, 가솔린에 비해 절대량이 적은 에탄올 소비량은 늘어나고 있지만 2007년도의 가솔린 소비량 중의 에탄올 소비비율은 약 5%로 낮은 수준에 머물러 있다.

많은 나라에서 가솔린 등 석유제품 수요는 증가경향에 있으므로 바이오연료 사용은 약간 늘릴지라도 바이오연료 셰어는 높아지지 않는다. 가솔린 등의 석유제품 소비를 과감하게 삭감하는 정책을 채용하거나 브라질처럼 국가적으로 에탄올 생산, 유통, 소비까지 포괄적으로 정책지원하여 기본을 구축하지 않는 한 분모인 석유제품 수요가 크므로 바이오연료 자급률은 쉽게 높아지지 않는다.

세계 석유수요는 경제활동 확대와 더불어 증가추세를 나타내고 있으며 1일 석유수요량은 1965년 3124만 배럴에서 2007년에는 8522만 배럴로 약 2.7배나 증가했다. 선진국에서도 가솔린 소비량이 크게 감소하고 있는 것은 아니다. 2위인 중국 (셰어 9%)을 크게 앞질러, 세계 전체 소비량의 약 4분의 1을 차지하는 미국은 2000년 이후로 여전히 2000만 배럴 전후의 높은 추세를 보이고 있다.

표 7-7   석유소비량 추이 (상위 5개국)

(단위 : 1000배럴/일)

연도	미국	중국	일본	인도	러시아	세계합계
1990	16988	2323	5304	1211	5129	66855
1991	16713	2524	5411	1233	4999	66864
1992	17033	2740	5522	1296	4597	67547
1993	17236	3051	5441	1313	3875	67408
1994	17719	3116	5746	1413	3359	68705
1995	17725	3395	5784	1580	3025	69841
1996	18309	3702	5813	1700	2686	71489
1997	18621	4179	5762	1828	2689	73598
1998	18917	4228	5525	1963	2554	73939
1999	19519	4477	5618	2134	2625	75573
2000	19701	4772	5577	2254	2583	76340
2001	19649	4872	5435	2284	2566	76904
2002	19761	5288	5359	2374	2606	77829
2003	20033	5803	5455	2420	2622	79296
2004	20731	6772	5281	2573	2619	82111
2005	20802	6984	5358	2569	2601	83317
2006	20687	7530	5224	2580	2709	84230
2007	20698	7855	5051	2748	2699	85220

자료 : BP, Statistical Rewiew of World Energy 2008

7·9 바이오연료에는 가격정책이 중요

바이오 공장의 마진은 원유가격과 원료가격 (옥수수 등) 두 요소의 동향에 크게 좌우된다.

해외의 선진사례를 보면, 바이오연료의 안정적 생산과 보급을 위해서는 어떻게 설정하느냐가 (출구대책) 가장 중요하다고 해도 과언이 아니라고 생각한다. 이것은 바이오연료 생산코스트의 주요인인 원료가격이 높고 그 생산이 불안정한 데 기인한다.

가장 경쟁력이 있는 브라질의 바이오에탄올조차도 2005년과 같은 한발 (가뭄)에 한번 피습당하면 원료의 안정적 공급이 어렵게 되어 곧바로 에탄올 가격이 치솟고 소비가 감퇴한다. 원료 확보의 불안정 상태가 언제나 발생할 수 있는 것이 바이오연료의 숙명이다.

즉 많은 나라들에서는 가격경쟁력을 유지할 수 있을만한 경제대책이 강구될 수 있느냐가 성부(成否)의 갈림길일 것이다. 조사한 미국의 에탄올공장, 독일의 바이오디젤공장을 세운 경영자가 공장건설에 뛰어든 것은 "정부의 건설지원 (보조금고- 세제대책)"이 존재해서였다. 공장에 대한 투자에는 정책이 큰 결정요인이 된다.

제1세대 바이오연료 생산기술은 확립되어 있고 물류에 관한 과제와 판매 · 유통측면의 과제가 장해가 되는 사례도 있다. 바이오연료를 안정적으로 생산 · 유통시키기 위해서는 토조금, 세제면의 우대조치, 제도 등 정책적인 지원이 불가결하다.

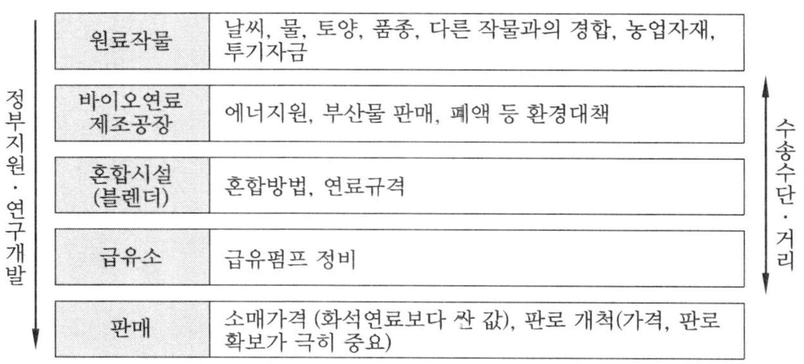

자료 : 저자 작성
주 : WTO 협정, 지속가능성 기준 등도 제한요인이 될 수 있다.

그림 7-6 **바이오연료 생산 · 이용에 관한 요인**

다음에 바이오연료 이용자인 소비자의 이해, 석유와 자동차업계의 협력, 즉 판로로 이어지는 PR이 불가결함은 두말할 나위가 없다. 바이오연료 생산력이 언제라도 고객 수요를 감당하지 못한다면 바이오연료는 출렁거려 가격이 떨어져 공장 마진이 줄어들어 재생산이 불가능하게 된다. 브라질과 태국의 사례가 좋은 본보기이다. 또 연구개발과 그에 대한 지원은 특히 제2세대 바이오연료 실용화에 꼭 필요하다.

7·10 바이오연료 정책과 WTO

WTO의 기본 룰에 최혜국대우 (가맹국간 차별하지 않음), 내국민대우 (수입품의 차별대우 금지), 수량제한의 원칙적 금지 등이 있다.

바이오에탄올은 현시점에서 국제통일상품분류 (HS)의 제22류로 분류되어 있기 때문에 WTO의 농업협정대상품 (제1~24류 등)에 해당하여 "농산품"으로 다루어지지만 바이오디젤은 제38류이기 때문에 "공업품"에 속한다. 이 때문에 양자는 같은 바이오연료이지만 다른 규율이 적용된다.

농업협정에서는 관세삭감뿐만 아니라 정책 (보조금 등)의 무역 왜곡도에 따라 삭감대상정책 (옐로정책), 삭감할 필요가 없는 정책 (그린정책)으로 분류하고 있다 (공업품에는 보조금협정이 적용되지만 보다 엄격한 규율을 적용). 오늘날의 보조금은 종류도 많고 다양한데 일반적으로는 원료생산과 직접 또는 간접적으로 링크된 보조금이 옐로정책이 되고, 그 가공업자 (공장)에 대한 정책에 관해서는 원료생산업자의 이익 정도에 따라 옐로냐 그린이냐로 분류된다.

WTO에는 또 무역기술장벽에 관한 협정 (TBT협정)이 있다. 이 협정에도 기술적인 규격기준이 불필요한 무역장벽이 되지 않도록 국제규격과의 적합과 무차별 적용 등이 규정되어 있다. 환경보호를 목적으

로 한 규격기준도 대상이 되므로 TBT협정은 바이오연료와도 관련이
있다.

B99 문제는 EU와 미국 두 나라간 무역문제로 다루어지고 있지만
미국의 에탄올에 대한 추가관세와 EU의 지속가능성 기준에 대해서는
바이오연료 수출국의 반대 움직임이 있기는 하지만 협의·분쟁안건
으로까지는 이르지 않고 있다. WTO 교섭의 앞날도 불투명하므로 여
기서는 연료정책과 WTO문제에 대해서는 더 이상 깊이 들어가지 않
기로 하겠다.

• 참고 · 인용문헌 •

1. 전체를 통한 참고 · 인용문헌

축산진흥기구 발행의 "축산정보, 설탕류정보, 녹말정보 (2006년 9월호 이후)" 중의 미국, 브라질, 태국, EU에 관한 바이오연료에 대한 일련 의 해외 리포트

2. 참고 · 인용문헌

1) Agra Informa (2008) : Global Trends in Sustainable Energy Investment 2008. Agra Europe, July 4, 2008.

2) Andrew Barber et al. (2008) : The Sustainability of Brazilian Sugarcane Bioethanol, A Literature Review.

3) Biomass Research and Development Initiative (2008) : Increasing Feedstock Production for Biofuels, pp. 49-50.

4) CARD (2007) : Emerging Biofuels : Outlook of Effects on US Grain, Oilseed, and Lovestock Markets, pp. 39-40.

5) Carvado Macedo et al. (2004) : Assessment of Greenhouse Gas Emissions in the Production and Use of Fuel Ethanol in Brazil.

6) EIA (2008) : Annual Energy Outlook 2009, Reference Case Presentation, 17 December 2008.

7) EIA : Ethanol? A Renewable Fuel. Energy Kid's Page의 홈페이지.

8) EIA (2008) : The Role of Renewable Energy Comsumption in the Nation's Energy Supply, 2007.

9) EurObserv'ER (2008) : Biofuels Barometer, June 2008.

10) F. O. Licht's (2008) : World Ethanol and Biofuels Report, December 2, 2008.

11) F. O. Licht's (2008) : World Ethanol and Biofuels Report, November 21, 2008.

12) FAO (2008) : Biofuels : Prospects, Risk and Opportunities. The

State of Food and Agriculture.

13) Gloria Gaupmann and Rob Vierhout (2008) : Spoilt for Choice. Biofuels International, July 11, 2008, pp.22-24.

14) Jim Beuerlein and Pierce Paul (2007) : Keeping Wheat in Your Crop Rotation, It Produces Big Crop Profits, C.O.R.N Newsletter 2007-24, July 30, 2007~August 6, 2007, Ohaio State University.

15) Klanarong Sriroth and Kuankoon Piyachomkwan (2008) : Cassava Ethanol Technology and Growth in Thailand, First revised by July 2008.

16) Mahdi Al-Kaisi et al. (2008) : Corn Following Corn in 2008, Integrated Crop Management NEWS, July 3, 2008, Iowa State University의 홈페이지.

17) Masasi Kojima, Donald Mitchell and William Word (2007) : Condering Trade Policys for Liquid Biofuels, World Bank.

18) Ministerio de Minas e Energla (2008) : Brazilian Energy Balance 2007-year 2006, p.18.

19) RFA (2008) : Ethanol Industry Outlook 2008.

20) Richi Tolman (2008) : Corn and Ethanol : Green, Getting Greener, National Corn Growers Association, 2008년 2월의 USDA Agricultural Outloook Forum의 프리젠테이션 자료.

21) Robert Wisner : Impact of Ethanol on the Livestock and Poultry Industry, Agricultural Marketing Center, Iowa State University의 홈페이지.

22) Tun-Hsiang Yu and Chad Hart (2009) : Impact of Biofuel Industry Expansion on Grain Utilization and Distribution : Preliminary Results of Iowa Grain and Biofuel Survey.

23) USDA (2007) : Brazil Biofuels Annual Ethanol 2007, June 20, 2007. GAIN REPORT.

24) USDA (2007) : Thailand, Biofuels Annual 2007, July 4, 2008,

GAIN REPORT.

25) USDA (2008) : Ethanol Transportation Backgrounder-Expansion of U.S. Corn-based Ethanol from the Agricultural Transportation Perspective, Energy Efficiency and Conservation Authority (EECA), p.21.

26) USDA (2008) : EU-27 Biofuels Annual 2008, May 30, 2008, GAIN REPORT.

27) USDA (2008) : Thailand, Biofuels Annual 2008, May 29, 2008, GAIN REPORT.

28) USDA (2008) : Thailand, Biofuels, Price Structure of Petrolum Products in Bangkok 2008, September 12, 2008, GAIN REPORT.

29) USDA (2008) : Thailand, Biofuels, Biofule Crop Survey : Marginal Impact on Food Prices 2008, November 19, 2008, GAIN REPORT.

30) Worldwatch Institute (2007) : Biofuels for Transport : Global Potential and Implication for Energy and Agriculture, p.53.

31) 石田博士 (2008) : 中南米が日本を追い抜く日. 朝日新聞社, p.68.

32) 일본환경성 (2008) : STOP THE 温暖化 2008.

33) 小泉達治 (2007) : バイオエタノールと世界の食料需給. 筑波書房, p.35.

34) 松村正利 (2006) : バイオディーゼル最前線. 工業調査会, p.40.

35) 斉木隆 (2004) : 燃料エタノールの普及と技術開発, バイオマス情報ヘッドクォーター의 홈페이지.

36) 坂内久・大内徹男 (2008) : 燃料か食料か~バイオエタノールの真実~. 日本経済評論社, pp.141-142.

37) 社団法人エネルギー学会 (2002) : バイオマヌハンドブック, オー公社.

바이오연료

2012년 9월 25일 인쇄
2012년 9월 30일 발행

저　자 : 가토 노부오 외
역　자 : 과학나눔연구회 정해상
펴낸이 : 이정일

펴낸곳 : 도서출판 **일진사**
www.iljinsa.com
140-896 서울시 용산구 효창원로 64길 6
전화 : 704-1616 / 팩스 : 715-3536
등록 : 제3-40호 (1979.4.2)

값 12,000 원

ISBN : 978-89-429-1320-6